U0180392

版权贸易合同登记号　图字：01-2020-2718

图书在版编目（CIP）数据

给孩子的数字科技简史 /（法）马修·锡尔茨希，（法）大卫·维根布斯著；（法）文森特·伯吉尔绘；张姝雨译. --北京：电子工业出版社，2021.1
ISBN 978-7-121-39888-9

Ⅰ.①给…　Ⅱ.①马…　②大…　③文…　④张…　Ⅲ.①数字技术—技术史—世界—少儿读物　Ⅳ.①TP3-091

中国版本图书馆CIP数据核字（2020）第215884号

责任编辑：朱思霖　　文字编辑：耿春波
印　　刷：河北迅捷佳彩印刷有限公司
装　　订：河北迅捷佳彩印刷有限公司
出版发行：电子工业出版社
　　　　　北京市海淀区万寿路173信箱　邮编：100036
开　　本：889×1194　1/16　印张：5.5　字数：125.35千字
版　　次：2021年1月第1版
印　　次：2021年1月第1次印刷
定　　价：78.00元

凡所购买电子工业出版社图书有缺损问题，请向购买书店调换。若书店售缺，请与本社发行部联系，联系及邮购电话：（010）88254888，88258888。
质量投诉请发邮件至zlts@phei.com.cn，盗版侵权举报请发邮件至dbqq@phei.com.cn。
本书咨询联系方式：（010）88254161转1868，gengchb@phei.com.cn。

小猛犸童书

给孩子的数字科技简史

[法]马修·锡尔茨希 大卫·维根布斯 著

[法]文森特·伯吉尔 绘

张姝雨 译

电子工业出版社

Publishing House of Electronics Industry

北京·BEIJING

21世纪，是一个很多代人都心驰神往的时代。大家都曾期待一个机器人遍地跑、智能车满天飞的未来世界。

现今，我们终于身处21世纪，然而，汽车并没有飞起，机器人也不是随处可见。

难道说，人们曾经梦想的未来世界真的遥不可及吗？现实是，如今我们每个人都拥有一部智能手机，它们不正是一台台微型电子计算机吗？机器人也已经在众多领域大显身手：探访其他星球，辅助工业生产，开启自动驾驶……

数字化的发展引领了世界的变革。让我们紧随书写历史的大人物们，探索数字化发展的历史进程。你会惊奇地发现：这场变革早在发明计算机前就已萌动，甚至早于电的发明！有一些想法甚至已然存续了3000余年！此外，你还会意识到当下的社会正经历着多么深刻的改变——毕竟，时至今日，曾经的众多设想或已面目全非，或已如期实现。

这个全新的数字化世界，正是我们所处的当今世界。

目　录

《古腾堡圣经》，是最著名的《圣经》古版书，很有可能正是这台著名的印刷机器印出的作品。

1450年
古腾堡印刷机

- 首台可重新排版的机器
- 印书提速200倍
- 萌生知识共享

在古埃及，誊写员在莎草纸上抄写内容用来传播知识。在远东地区，从7世纪开始，人们通过在木板上刻下字画（即雕版印刷术）来制作印版，然后在表面涂刷墨水，覆以白纸，便可以将同一页内容复印无数份，恰似一个大"刻章"。如果要复制一页新的内容，则需要重新刻一印版。可想而知，印一本书是多么麻烦的事！不仅得准备很多印版，而且不能刻出一丁点儿错误！

早在1040年左右，中国人毕昇就发明了活字印刷术：为每个字都单独配备一枚用陶土烧制而成的小"刻章"。这样一来，在印新的一页时，人们便可以把"活字块"重新排列，反复使用它们！

与此同时，在中世纪的西方世界，僧人还靠双手拓写书籍中的文字和插图。古腾堡（Gutenberg）结合当时几种已有的发明，提出了更先进的技术：他用铅代替陶瓷，令印刷材料更具韧性和耐用性；他还调整印刷油墨的浓度以改善流墨的现象。随后，他发明了外观类似葡萄压榨机的一款印刷机：只需要一压，便能复制出一整页的内容。

古腾堡印刷机是实现信息处理自动化的第一步：它便于"重新配置"排出新页面，从而快速廉价地复印出每一页，再装订成册，完成一本本新书。

瞧一瞧 复印的技术

650年	1234年	1450年	1720年	1958年
中国：木质刻印（木刻术）	朝鲜半岛：铜活字	德国：首部印刷书——《古腾堡圣经》	法国：雅克·克里斯托弗（Jacques Christophe le Blond）完成首次彩色印刷。	法国：开始在计算机上进行文字处理。

致敬！

以前，儿童因手指小巧纤细而成为纺织业的常见劳工。雅卡尔很想为儿童减轻纺织工作的负担。不幸的是，儿童在织布机上省下的力气会在诸如煤矿等地方耗尽……

大明星！

提花织布机设计了一款几何图案来纪念雅卡尔。

1801年
雅卡尔提花织布机

- 一个可以织出花纹的"程序"
- 更改程序就能改变花纹样式

在18世纪的法国里昂市，纺织业发展正盛，城市一派繁荣景象。当时的织布机操作起来既缓慢又麻烦，为了织出既定图案，需要大量工人适时地在丝线之间传递飞梭。正如古腾堡革新了书籍的复印技术一样，织工之子约瑟夫·玛丽·雅卡尔（Joseph Marie Jacquard）结合多项他人的发明，改进织布的技术，引发了纺织业的巨大变革。

首先要介绍的是巴兹勒·布修（Basile Bouchon）的成果。他的父亲是一名管风琴制造师。巴兹勒看到装饰织物呈现出规律性花纹，这令他联想到了手摇式管风琴的重复节奏：这种管风琴用打孔的纸带指定音符，摇动风箱便可奏响。

1725年，他将相同的原理应用在织布机上，纸带上的一个孔洞就指定相应的一个飞梭通过纱线。

很快，让-巴蒂斯特·法尔孔（Jean-Baptiste Falcon）用更坚韧的硬纸板代替了纸带。1755年，雅克·德·沃坎森（Jacques de Vaucanson）用水车或风车驱动柱形齿轮使机器自动运转。

雅卡尔要做的就是将这些机器全部组合到一起，改造出一台更加灵活便捷的织布机。直到1801年，他终于取得了成功！

每更换一种织布机的打孔卡（其"程序"），织布机就能织出一种不同的花纹样式。这便是世界上第一台可重新配置（"重新编程"）的机器。

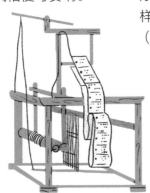

存在了5000年的织布机变为第一台可编程的机器。

1820年
最早的计算器

- 从时钟到计算机
- 探索：给不存在的计算机编程！
- 二进制的回归

为了帮助作为皇家税官的父亲减轻繁复的税务计算工作，布莱斯·帕斯卡（Blaise Pascal）于1642年发明了一台计算装置：通过摇动手柄带动小齿轮旋转，从而能够进行加减运算的纯机械化计算器。

直到1851年，机械计算器才得以普及，这要归功于托马斯·德·科尔马（Thomas de Colmar）。他制造了一台配有游尺和手柄的计算装置样机，操作十分简便，很快引起了银行和政府机构的注意。这种算术仪器一经投入商业生产，陆陆续续共售出了5000台！

同一时期，在英国，查尔斯·巴贝奇（Charles Babbage）设想将雅卡尔织布机的打孔卡和帕斯卡加法器的精密度结合起来，提出了一种新型计算器的概念：一台机器既能读取一批卡片上的指令信息，又能读取另一批卡片上的数据，进而按照指令完成数据的运算。遗憾的是，他毕生未能造出样机，因为这种机器所需零部件的制作十分烦琐。不过，这并没有妨碍他的科学研究伙伴——艾达·勒芙蕾丝（Ada Lovelace）编写出首个计算机程序！这台机器在近一个世纪后才得以完工，而这个程序也被验证完全可行！

时间快车

1642年	1725年	1820年	1834年	1873年
帕斯卡加法器	雷皮内计算器（几次运算后会卡顿）	托马斯的四则运算器，1851年投入工业化生产。	巴贝奇的分析机方案	畅销爆款：奥德纳算术仪

难以置信！

1820—1851年，科尔马为了造出样机花费了30万法郎，这相当于其住所"拉斐特之家城堡"（Maisons-Laffitte）价值的两倍多！

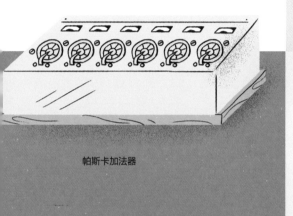

帕斯卡加法器

托马斯的四则运算器

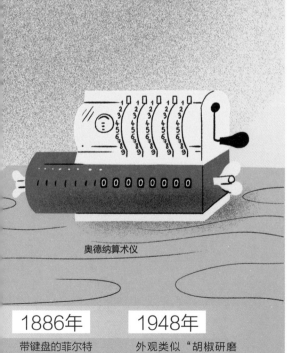

奥德纳算术仪

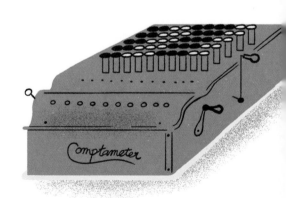

菲尔特自动计算器

1886年
带键盘的菲尔特
自动计算器

1948年
外观类似"胡椒研磨器"的库塔（Curta）
计算器

1941年
最早的电子计算机

● 最早的通用计算机　　　● 电子技术时代的来临　　　● 像公寓一样大的巨型计算机

20世纪，机械计算器日趋电气化，而且对零部件的要求愈发精细（数量也不断攀升），"电子部件"层出不穷。1936年，艾伦·图灵（Alan Turing）设想出一种由一个特殊存储器和一个计算器构成的电子计算机（实际上，它是一款无法真正被制造出来的"概念计算机"）。存储器里同时存有待处理的数据和程序（对数据应用发出的系列指令）。与以往那些只能专门从事单一任务的计算仪器不同，这台设想中的"图灵机器"可以处理任意类型的数据（数字、文字、图片、声音等）——即所谓的"通用计算机"。

1943年，德国人康拉德·楚泽（Konrad Zuse）研发出Z3计算机，这是第一台能通过孔带进行编程的电磁式计算机，能够从内部存储器（64位）或通过键盘读取输入待处理的数据。每秒可以完成5～10次运算……它的处理速度与我们如今的计算机相比简直令人笑掉大牙，但在当时可是巨大的进步！Z3计算机是将图灵的通用计算机模型变为现实的首台机器。可惜时至第二次世界大战，它刚问世不久便在美军对柏林的一次空袭中被炸毁了。

与此同时，美国人正着手制造"埃尼阿克"计算机（ENIAC），这是世界上第一台电子计算机。其运算频率为5000赫兹（每秒能执行5000次运算），比电磁式计算机快了近千倍：电子时代自此拉开序幕！

机智！

打孔卡的二进制编码（有孔和无孔）在电子计算机上演变为1（有信号）和0（无信号）。

1944年的"马克一号"计算机（Harvard Mark I）

艾肯（Aiken）研制的顺序控制的自动数字计算机（ASCC）

1946年的"埃尼阿克"计算机（ENIAC）

1951年的通用自动计算机（UNIVAC）

1955年
愈发小巧的计算机

- 晶体管使计算机变小
- 迷你计算机进入办公室
- 微型计算机进入家庭

早期的计算机不仅体积庞大，需要巨大空间存放，而且价格高昂，所以仅供实验室和大学使用。1947年，晶体管的发明令缩小机器尺寸成为可能。"催迪克"计算机（TRADIC）于1955年首次亮相在大"壁橱"中，引领了新一代晶体管计算机的革新浪潮！

1958年，集成电路得以发明，更加显著地缩小了计算机的体积。第三代计算机的先锋代表就是宝来公司（Burroughs）的2500和3500（1968年）这两种型号的集成电路计算机。它们性能表现得相当优异，以至于美国空军以6000万美元的价格订购了150台！

微型化进程不断推进，"微型计算机"应运而生。

1970年，四相系统公司（Four-Phase Systems）把一个存储器和一个计算单元集成在同一块AL1电子芯片上。1971年，英特尔公司（Intel）研发出4004型号"微处理器"，外形小到可以立于指尖，而其功能却与重30吨的"埃尼阿克"计算机一样强大！

再到后来，第四代计算机的尺寸跟电视一样大，价格也低多了。苹果公司的"Apple II"计算机和紧随其后的IBM-PC渐渐地走入了千家万户！

时空快车

1955年	1958年	1965年	1973年	1975年
TRADIC：第一台使用晶体管线路的计算机（仅占5~6米³）	M103：中国研发的第一台计算机	PDP-8：第一款成功商业化的计算机（出售5万台）	Micral：法国研发的第一台计算机	ALTAIR 8800：奠定业界基准

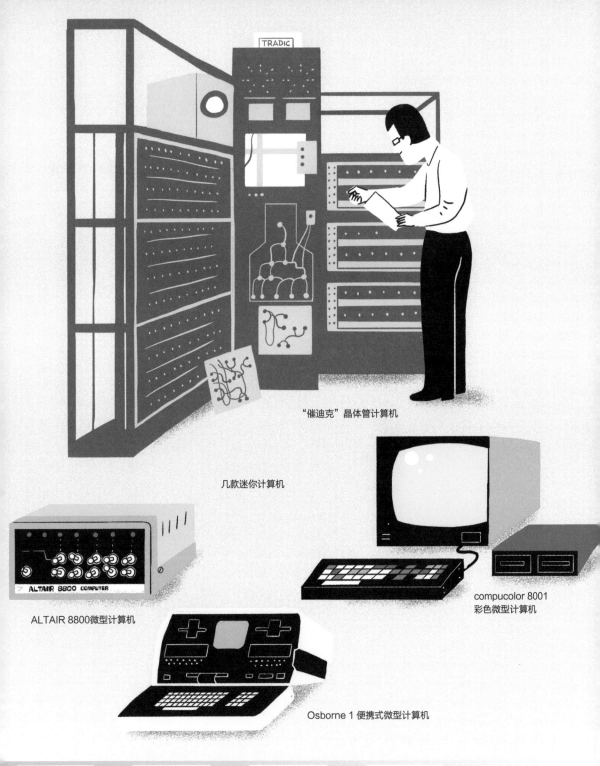

"催迪克"晶体管计算机

几款迷你计算机

ALTAIR 8800微型计算机

compucolor 8001
彩色微型计算机

Osborne 1 便携式微型计算机

1976年	1976年	1981年	1981年
Apple I：很快更新至Apple II	Compucolor 8001：首款彩色屏幕计算机	IBM-PC：畅销爆款	Osborne 1：第一台笔记本电脑（重12千克！）

1965年
不断强大的运算力

- 越来越小且越来越多的晶体管
- 越来越低的价格
- 越来越强大的功能

1946年的"埃尼阿克"计算机重达30吨，1971年的Intel 4004微处理器仅重几克，然而两者的计算能力竟不相上下！这是为什么呢？关键在于后者使用了晶体管，这是一种数字计算的基本组件，用作电流开关，发明于1947年。其发明者是美国的肖克利（Shockley）、巴丁（Bardeen）和布拉顿（Brattain），他们在1956年也因此荣获了诺贝尔物理学奖。若干晶体管组合在一起，可以实现很多基本操作，如做比较、做加法等。

飞兆半导体公司（Fairchild Semiconductor）的研发经理高登·摩尔（Gordon Moore）参与了晶体管的开发。1965年他提出了一项预测：每隔18个月，晶体管的尺寸便能缩小至原尺寸的一半，从而使计算机（集成电路）上可容纳的元器件数量增加一倍，性能也将因此提升一倍。也就是说：每隔20年，计算机的性能可以提高1000倍！事实上，计算机科学发展70年来，他的这一预言每每成真！尽管如此，这一推论或许很快就会终结，因为晶体管的尺寸即将发展到原子的大小！实在难以再小了……

瞧一瞧 每款微处理器中的晶体管数量

1971年	1974年	1979年	1988年	1989年
Intel 4004：2300个	Intel 8080：4100个	Intel 8088：2.9万个	Motorola 68030：27.3万个	Intel 80486：100万个

精益求精

晶体管的发展不仅体现在数量上的剧增，其运算速度、存储器容量、同时计算的运算力……方方面面都在突飞猛进！

用下方这个1欧元硬币图案作为参照物，来比比看晶体管的大小吧！

纳米级晶体管
（数十亿个晶体管）

厘米级晶体管
（1 个晶体管）

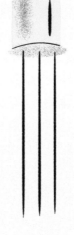

毫米级晶体管
（1 个晶体管）

分米级真空管
（1 个晶体管）

1993年	2007年	2006年	2015年
奔腾处理器：250万个	超微半导体公司的AMD四核处理器：4.63亿个	双核安腾处理器：10亿个	SPARCM 7处理器：100亿个

1997年 人工智能（AI）

- 机器会永远服务于人类吗？
- 在某些任务的完成上，机器强于人类

在发明电子游戏之前，计算机科学家们就曾设想过编写以"逻辑"取胜的游戏，如国际象棋。

1956年，达特茅斯学院（Dartmouth College）的学生创建了象棋算法，以确定最佳行棋步骤。从1959年开始，机器进步神速，击败普通玩家已属常事！不过，想要击败世界象棋冠军，那可是另一码事。直到1997年，IBM公司的"深蓝"计算机（DeepBlue）击败了国际象棋大师加里·卡斯帕罗夫（Gari Kasparov）！

现在，大势已定：机器可以比任何人表现得更出色。不仅限于下象棋，机器还能胜任越来越多的工作。

"统计学习"令人工智能向前迈进一大步：人类赋予计算机研究方法，根据以往经验的积累存储信息，通过不断完善认知的机制，机器便能进行自我学习。有时，计算机得出的结论甚至会带来出人意料的惊喜！

明天会怎么样呢？有些人担心"奇点*时刻"的来临：机器已经"聪明"到无须人工干预，就能进行自我构建和改进的时刻，他们也将可能超越人类的智能范围。到那时，人类会成为机器的奴隶吗？这个难以回答的问题大大丰富了科幻小说的题材！

时空快车

1952年	1997年	2011年	2016年	2017年
在EDSAC计算机上设计出井字游戏。	"深蓝"计算机在国际象棋中击败了卡斯帕罗夫。	超级电脑"沃森"（WATSON）在电视智力竞赛节目《危险边缘》中击败了肯·詹宁斯（Ken Jennings）和布拉德·鲁特（Brad Rutter）！	第一次完全由机器执行的外科手术。	"阿尔法围棋"败了世界围棋冠军柯洁。

*奇点，本是天体物理学术语，是指"时空中的一个普通物理规则不适用的点"。奇点理论在文中指的是：电脑智能与人脑智能兼容的时刻。——译者注。

在未来世界，如果人类按照自身形象创造出"人形机器人"，那么二者将如何共处？只有未来才能告诉我们答案。

2018年
自动驾驶汽车首次引发致命事故。

2030年
计算机将和人脑一样快。

2050年
技术奇点

2001年
从科幻小说到科学发明

● 科幻小说为新发明注入灵感　　　● 作者用想象力挑战科学家

每每回顾上一代的"科幻电影"，我们都会感到欣慰：幸好，影片中对今天的假想与现实情况大相径庭！不过，科幻题材的作品确实是不少现代新发明的创意来源：在电影《回到未来》（1985年）中，已经想象出纯平屏幕、电视会议、虚拟交互界面……如今尚未实现的就只有能飞行的汽车了（人们也正在为此奋斗）。

今天，科学家们开始研究隐形斗篷（来自《哈利·波特》）、机械外骨骼（来自《钢铁侠》）、自动驾驶汽车（来自《少数派报告》），还有商业太空旅行（来自《2001：太空漫游》）。或许到

2030年，人类真能踏上火星？

但是，曾经的恐惧正在重现：机器人越来越完善，愈发独立和智能，但决不能让它们成为像《2001：太空漫游》中的超级计算机HAL、《黑客帝国》中的Matrix或《终结者》中的Terminator那样反戈转向与人类对抗。幸运的是，美国科幻小说作家艾萨克·阿西莫夫（Isaac Asimov）提出了"机器人三定律"来保护我们人类，按优先级排列如下：①机器人不得伤害人类；②机器人必须服从人类下达的命令；③机器人必须自我保护。

才华横溢！

若干科幻作品里的创意：

1926年　视频会议（《大都会》）

1981年　通用百科全书（《银河系漫游指南》）

1984年　移动电话（《星际迷航 III》）

1990年　机场扫描仪（《全面回忆》）

1993年　动物克隆（《侏罗纪公园》）

2001年　多维屏幕（《少数派报告》）

2004年　支持人脸识别的智能机器人（《我，机器人》）

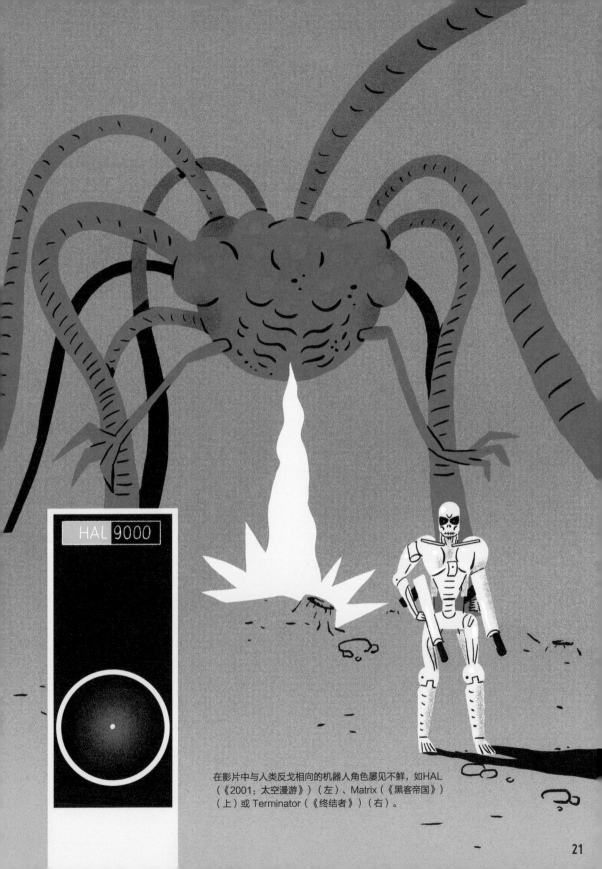

在影片中与人类反戈相向的机器人角色屡见不鲜，如HAL
（《2001：太空漫游》）（左）、Matrix（《黑客帝国》）
（上）或 Terminator（《终结者》）（右）。

恺撒密码的原理：转动内圈字母圆盘后，一个内圈字母分别对应一个外圈字母，后者便作为替代前者的编码字符。当加密一段文本时，只需要按照这种对应关系将原文单词的字母逐一誊写成编码字母即可。

机智！

恺撒的加密技术不单单运用在他与外族人（大多是文盲）的军事对战中，更重要的作用是：恺撒还需要提防元老院（古罗马的政权机关）的间谍活动！

致敬！

大约在830年，阿尔-肯迪找到了破解恺撒密码的办法。700年后，法国人布莱斯·德·弗吉尼亚（Blaise de Vigenère）发明了一种更加高效的加密方法：他将密钥设置为字母串，对文本进行交替编码。这种加密方法在此后300年间经久不衰。

尤利乌斯·恺撒

- 公元前100年—公元前44年
- 高卢的征服者
- 军事加密先驱者

为了巩固自己的声誉和政治前途，罗马行省总督尤利乌斯·恺撒（Julius Caesar）征服了高卢所有地区，一路将势力范围扩张至古代欧洲的日耳曼尼亚和罗马帝国的不列颠尼亚的边界。为了远程指挥军队与留在罗马的盟友——庞培（Pompeius）和克拉苏（Crassus）保持联系，恺撒使用了一种密码来传递信息。经过加密的文字即便被敌军获取，也无法解读出来。

这种加密方式其实源自印第安人和埃及人，但恺撒将它写进了自己的《高卢战记》，"恺撒密码"从此声名远播。

它具体如何运用呢？恺撒把字母表中的所有字母顺位移动一定的单位，是谓"密钥"。例如，密钥是3，字母便移动3个单位：字母A则被写成D，字母B写为E，字母C写为F，依此类推；X、Y、Z则分别写回A、B、C。然后，信息的接收者可以将所有字母向反方向移动同样的单位数对密文进行解码。在其他任何人眼中，该密文是无法理解的。

例如，恺撒的一句名言"Veni, Vidi, Vici!"（"我来，我见，我征服！"）就可以加密写成"YHQL YLGL YLFL"。你想明白了吗？

瞧一瞧 恺撒密码的历史

公元前500年	公元前50年	830年	1586年	1918年
古希腊的斯巴达人使用一种叫作"scytale"（密码棒）的棍子来传递加密信息。	恺撒发表了《高卢战记》。	肯迪用频率分析法破解了恺撒密码技术。	弗吉尼亚在恺撒密码的基础上发明出更复杂的加密方式。	美国数学家吉尔伯特·维纳姆（Gillbert Vernam）发明了一次性便笺密码。

才华横溢！

福尔摩斯（Sherlock Holmes）——亚瑟·柯南·道尔爵士笔下大名鼎鼎的侦探——曾在《跳舞的小人》一案中使用这种方法来解密信息。

"源"来如此

密码分析学是一门研究破译密码的科学。

阿尔-肯迪

- 801—873年
- 波斯科学家，亚里士多德学派数学家
- 世界上首位密码分析员

830年，阿拉伯帝国阿拔斯王朝哈里发阿尔·马蒙（Caliph Al-Mam'un）在巴格达创立了智慧宫，以提升首都的学术影响力。在这里，众多学者济济一堂，阿尔-肯迪便是其中一位，他对数学、词典学和密码学都颇有兴趣。当时通行的密码系统比恺撒密码更加复杂：编码字母不再是顺位移动的字母表，而是所有字母乱序排列后形成的"新字母表"。这样一来，就相当于为每个字母配了一把专属钥匙。如果想要通过逐一尝试所有可能的组合来破解此代码（所谓"暴力破解"），即使世界上所有人通力合作，也将花费几十亿年！

不过，阿尔-肯迪想到了一个好主意：通过统计伊斯兰教的《古兰经》多个选段中出现的字母数量，他发现：在所有篇章中，一些字母频繁地出现（转换成拉丁字母依次为E、A、I、N、R、S、T、U），而一些字母总是甚少见到（如W、K）。通过对加密的文本进行这种"频率分析"，肯迪可以首先辨认出高频字母和罕见字母，再通过它们与其他字母的关系来破解其余加密字母。只需要几分钟，一篇文字内容就能完全解密！

23

真厉害！

阿尔-花剌子米这个阿拉伯名字在拉丁语中被写成“algorismi”，意为“计算艺术”；英语和法语也随后由此衍生出“算法”一词（英语为algorithm，法语为algorithme）！

大明星！

最著名的算法，莫过于希腊科学家欧几里得（Euclid）的算法：我们用它能算出两个数字的最大公约数。

致敬！

阿尔-花剌子米向人们翻译并传递了两项源于印度和中国的发明：零和十进制计数法。

穆罕默德·阿尔-花剌子米

- （约）780—（约）850年
- 波斯数学家，写出世界上第一本代数学著作
- 代数之父

与阿尔-肯迪一样，穆罕默德·阿尔-花剌子米也是一位在巴格达智慧宫工作的学者。他翻译与数学和天文学相关的希腊及印度手稿。在工作过程中，他学到了丰富的知识，并将其汇编成书。

820年左右，他撰写出《还原与对消计算概要》一书，提供了解决日常生活问题的方法：如何计算田地面积和牲畜数量，如何构建几何形状，等等。他描述出一系列运算说明和处理数字的步骤，直至解决问题。这些方法就像一份份“数学菜谱”，人们将其称为“算法”。

今天的计算机科学家们在很大程度上借鉴了阿尔-花剌子米的成就：想要向机器解释如何执行任务，就是精确描述解决问题的算法。而在这个过程中，人们需要“讲”一种特殊的语言——编程语言。

瞧一瞧 一些著名的算法

约公元前3000年	约公元前300年	约40年	约300年	1706年
巴比伦：税收的计算	欧几里得：辗转相除法	中国东汉《九章算术》	丢番图：《算术》	约翰·梅钦（John Machin）将圆周率计算到100位。

机智!

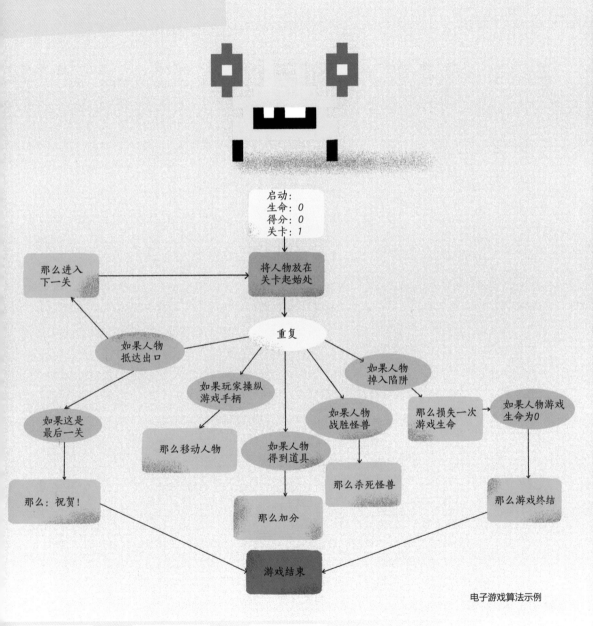

启动：
生命：*0*
得分：*0*
关卡：*1*

那么进入下一关

将人物放在关卡起始处

重复

如果人物抵达出口

如果人物掉入陷阱

如果玩家操纵游戏手柄

如果人物战胜怪兽

那么损失一次游戏生命

如果人物游戏生命为0

如果这是最后一关

那么移动人物

如果人物得到道具

那么杀死怪兽

那么：祝贺！

那么加分

那么游戏终结

游戏结束

电子游戏算法示例

1962年

查尔斯·霍尔
（Charles Hoare）：
快速排序算法

1977年

李维斯特（Rivest）、
萨莫尔（Shamir）和
阿德曼（Adleman）：
非对称加密算法（RSA）

1998年

谷歌搜索引擎算法
（Google）

*推荐算法，是计算机专业中的一种算法，通过一些
数学算法推测出用户可能喜欢的东西。——译者注。

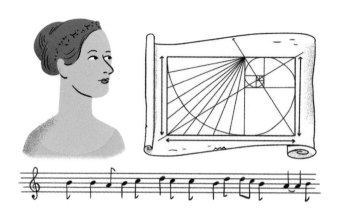

艾达·勒芙蕾丝

- 1815—1852年
- 英国数学家，巴贝奇的搭档
- 编写出首个计算机程序

安娜贝拉·米尔班克（Annabella Milbanke）具有超越时代的前瞻性，她希望赋予女儿艾达丰富的科学文化知识。艾达17岁时，通过数学老师结识了英国发明家巴贝奇。巴贝奇向她阐述了自己关于"差分机"的想法：这个机器可以无误地计算星图，这对指引出航的航海家来说至关重要。艾达对此赞叹不已。

由于志趣相投，他们结成了名副其实的科学二人组：艾达负责资料编纂，巴贝奇向全英国顶尖的数学家们介绍他的设想以获得支持。第一台机器尚未完成，巴贝奇又构想出另一种机器——"分析机"。

于是他的资助者纷纷弃他而去，导致巴贝奇的项目无疾而终。

艾达具有非凡的洞察力：在巴贝奇一心想着机器的计算功能之时，她就已经想到了能够处理字母、符号和音符的通用机器，甚至为"分析机"编写出了一个能计算伯努利数列的程序！因此，她成为历史上首位计算机程序员，比第一台计算机的诞生还早2个世纪！

时空快车

1833年	1843年	1977年
艾达与巴贝奇相识。	艾达编写出世界首款计算机程序。	美国国防部以艾达的名字命名了一种编程语言"Ada"。

*1985年，伦敦科学博物馆决定照着巴贝奇的图纸，打造一台完整的分析机，纪念巴贝奇200周年诞辰。该机器于2002年最终完工。——译者注。

塞缪尔·莫尔斯

- 1791—1872年
- 美国科学家，电报的发明者
- 莫尔斯电码的发明者

古代，人们通过释放烟雾信号进行远程通信。自18世纪起，更现代的通信方式层出不穷。法国人克劳德·查普（Claude Chappe）发明了摇臂信号系统：在高处架起"空中通信机"，通过手动给左右两根铰接杆"摆造型"的办法，向远方传递可视信号。每个字母对应一个专属"造型"，组合成一套"编码"系统。

不久，通电信号仪问世了，但其磁针系统太过复杂。塞缪尔·莫尔斯（Samuel Morse）设想出一种新机器：即便报务员不在，收到的信息也能留下书面记录——第一台电报机由此问世。它通过发出电流脉冲，令铅笔芯在收信方的纸带上移动。由于只能通过脉冲时长显现变化，莫尔斯提出了一种独特的编码方式，仅基于3个符号的组合：点（短脉冲）、划（长脉冲）和空白（无脉冲）。莫尔斯电码十分耐用，至今仍具有使用价值——尤其在军队中！

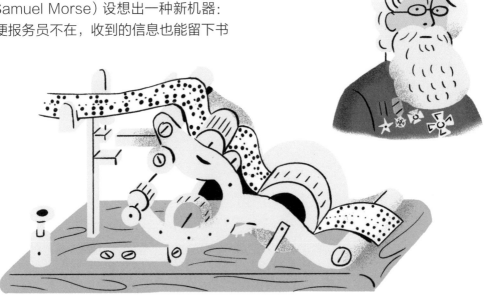

艾伦·图灵

- 1912—1954年，英国数学家
- 第二次世界大战的英雄人物
- 发明第一台计算机理论模型

1920年左右，德国研制出一种名为"Enigma"（意为"谜"）的密码机，纳粹将其加密技术用在第二次世界大战中，令西方国家的情报机构束手无策。这台机器每敲一个字母，加密密钥便随即改变：一共有超过1500亿种可能的配置组合！

图灵应召到英国情报机构工作，他立即意识到依靠人的脑力不可能破解这种加密技术，因此他制造出一台电动机械计算机来辅助破译工作。这台机器在运转时一直发出"滴答"声，于是被命名为"炸弹"。然而，机器的运算能力尚且不足：破译一套密钥需要花几年的时间，但纳粹却每天都更新密钥！图灵必须找到一种"捷径"算法来加速解密。经过锲而不舍地探索，他找到了Enigma密码机的两个漏洞。第一个与机器相关：一个字母永远不会加密成自身，如对字母A加密的结果不会仍是A；第二个与个人行为相关：纳粹每天早晨6点都固定发送天气报告，但报告总是以"Heil Hitler"（"希特勒万岁"）结尾。如此一来，图灵便能快速排除所有不可能的组合情况，锁定测试范围；随后，再让"炸弹"测试剩余的组合：完成破译工作仅需要18分钟！

可见，再强大的机器也难以抗衡高效的算法。多亏了图灵，同盟国得以破译纳粹密码。据估计，如果没有他的参与，这场战争将再持续2年，并伴以额外1400万人死亡的代价。

时空快车

1926年	1936年	1938年	1948年	1952年
在罢工期间，图灵骑了90千米自行车赶到寄宿学校上课。	图灵公布了他的计算机理论模型。	图灵被英国情报机构招募，以破解Enigma密码机。	他助力打造世界上首批计算机之一："曼彻斯特·马克"（Manchester Mark）	图灵因其同性性取向被定罪。

心情沉痛！

图灵因为其同性性取向而获罪。在1954年6月7日这一天，他咬了一口浸泡过氰化物的苹果，在家中结束了自己的生命。

图灵和他的"炸弹"计算机——英国军队将它复制生产了200多台！

1954年	2013年
图灵自杀。	英国女王为他颁发皇家特赦。

格蕾丝·赫柏

- 1906—1992年，美国军官
- 发明程序编译器
- 流行表达"bug"

格蕾丝·赫柏（Grace Hopper）年轻时在数学领域颇有建树，当第二次世界大战打响时，她主动报名参军，希望保卫自己的国家。但由于已经超龄（她当时34岁），她只能加入海军预备役部队。后来，她在担任海军中尉期间，参与研制出第一台美国计算机"马克一号"（Mark I）。

基于这一经验，她于1949年又加入UNIVAC（通用自动计算机）团队。很快她就意识到：程序员在使用"机器语言"——只有计算机才能读懂的（"低级"）语言——进行编程时，不仅要花费大量时间，而且容易出错。于是，她在1952年发明出一种更接近英语的编程语言（COBOL，一种"高级"语言）及一种编译器，后者是将前者这种"讲人话"的语言转换成机器语言的程序。

它的存在价值于7年后才获得认同……自此，再无争议！

时空客车

1947年	1952年	1959年
在"马克二号"计算机（Mark II）打孔卡中发现"bug"。	发明了COBOL编程语言及其编译器。	论证了编译器的价值。

诺兰·布什内尔

- （1943—）雅达利公司的创始人
- 第一款街机游戏《乓》的创造者
- 趣味信息技术的先锋者

1950年左右，最负盛名的理工科大学都纷纷购置了计算机。大学生们很快开发出这些机器的娱乐性用途：他们自己编写了第一批电子游戏。

诺兰·布什内尔（Nolan Bushnell）在游戏厅修理弹球机赚学费。他想把自己在学校里最喜欢玩的电子游戏推介给游戏厅里的玩家们……但由于计算机太贵且难以回本，因此他决定制造即便宜又简单——只专注单款游戏功能的机器，街机由此诞生！为了把握这个新市场，布什内尔于1972年创立了雅达利公司（Atari）。

同年，竞争对手（未来的飞利浦）发布了首款家庭电子游戏机米罗华奥德赛（Magnavox Odyssey），主打一款简易网球游戏。布什内尔在他的街机上对该游戏进行了改进：图像更加细腻，划分难度等级，游戏变得更加有趣——《乓》（Pong）的成功立竿见影。

此外，布什内尔也十分看好个人游戏机的前景：1976年，他又推出了雅达利2600游戏机（Atari 2600）。鉴于他丰富的行业经验，这款游戏机很快成为风靡一时的代表作！

史蒂夫·沃兹尼亚克和史蒂夫·乔布斯

- 美国电子专家
- 史蒂夫·沃兹尼亚克（1950—），计算机科学领域的教授
- 史蒂夫·乔布斯（1955—201 发明家和企业家

1972年，这两个朋友在计算机爱好者俱乐部相识，他们乐此不疲地用零配件组装电话和计算机。1976年，他们创造了"苹果一号"微型计算机（Apple I），不仅附带字母键盘，还可以连接电视。

他们向惠普公司和雅达利公司寻求资助，可惜这些公司并不看好个人计算机的销售前景。于是，他们创立了自己的"苹果"公司（Apple）：一年之内，两人便双双跻身百万富翁之列！

这两位史蒂夫（Steve）结成了完美的二人组：乔布斯拥有前瞻意识和战略眼光，沃兹尼亚克则潜心研究且富有创意。

乔布斯对设计很感兴趣，考虑到大众难以整合多个金属组件，苹果电脑（Mac）把屏幕和软盘驱动器直接整合到主机上。这种"一体化"想法在后来的iMac系列机型上得到进一步体现，令人耳目一新，受到大众的喜爱和追捧。与此同时，沃兹尼亚克在技术解决方案层面也不断推陈出新：他研发出显卡产品（苹果二号）、软盘驱动器（苹果三号）、鼠标和图形界面（Mac系列），使人们终于无须逐行敲入指令操作计算机了。自此，家用个人计算机时代全面开启！

时空快车

1976年	1977年	1984年	1998年	2001年
苹果产品开山之作：苹果一号（Apple I）	商业成功典范：苹果二号（Apple II）	第一只Mac鼠标	iMac	iPod

苹果公司的两款畅销产品：iMac
（顶部）和iPhone（底部）

2007年

iPhone

2010年

iPad

2015年

Apple watch

比尔·盖茨

- （1955—）美国计算机工程师
- 微软公司创始人
- 慈善家

比尔·盖茨（Bill Gates）与他的童年好友保罗·艾伦（Paul Allen）都从小痴迷于计算机。13岁时，盖茨就用计算机语言编写出一个可在PDP-10计算机上运行的游戏程序。他们俩的天才创造力吸引了诸多雇主，邀请他们参与编制计算机程序。

他们二人的辉煌业绩始于为ALTAIR 8800微型计算机开发的BASIC编程语言：这是首个可以在商用微型计算机上运行的高级计算机语言，随后也成为微软公司（Microsoft）——盖茨于1975年所创立的公司——的第一款软件。

基于这样的经验，1980年，盖茨又接手了新的项目：为IBM公司即将推出的新款个人计算机（PC）开发操作系统。MS-DOS操作系统由此诞生（1981年）。虽然微软公司不断研发出越来越多的软件（如1989年著名的Word等MS Office办公系列软件、游戏等），Windows系统却始终是一个简单的DOS操作界面。于1990年发布的图形界面操作系统Windows 3.0引发了业界巨变，令微软公司一跃成为苹果公司的竞争对手；1995年，微软为众多运营商提供独家技术支持，借此几乎垄断了行业市场（应用于全球90%的计算机）。

哦？真的吗？

"Windows"这个单词的本义是"窗户"，借以指代屏幕上的"视窗"：一个视窗代表一款正在执行的软件程序。不过，这一想法并不是微软公司的创意——施乐公司（Xerox）早在1973年就研发出了这种技术，而苹果公司在1984年将其进行了最早的商业推广！

真厉害！

盖茨是全世界最富有的人之一（2014年个人财富高达约785亿美元），同时，他也是最著名的慈善家之一。其名下的基金会已经为众多慈善事业捐款超过250亿美元，尤其关注发展中国家的健康与卫生问题。

莱纳斯·托瓦尔德

- （1969—）芬兰计算机科学家
- Linux系统发明者
- 自由软件精神的先锋者

在赫尔辛基大学，莱纳斯·托瓦尔德（Linus Torvalds）总是乐此不疲地调试自己计算机上的操作系统（OS）。不知不觉中，他重新经历了一遍20年前美国贝尔实验室学生们做过的事：他们为了改进当时一款游戏（《星际旅行》）的性能，开发出Unics操作系统（"复杂信息和计算服务"，后来改为UNIX）。

1986年，莱纳斯买了一台全新的个人计算机。为了让它充分发挥功用，他决定自己动手研发一个新的操作系统，取名为Linux。很快，他又开发出编辑器和编译器，甚至还有"吃豆人"等几款游戏。起初，这只是莱纳斯的闲暇之事，之后逐渐成为他的一项科学研究工作，并撰写了相关论文。莱纳斯坚持将Linux系统免费推广，而且该系统还允许任何想要改进它的人自由修改。因此，整个技术社群非常积极踊跃地参与协作，通力打造出了品质卓越的免费操作系统，从而不再受制于苹果和微软两家公司商品化的软件版权。

时空快车

1991年	1992年	1994年	2018年
未公开发布的初级版本	提供测试版本。	稳定内核版本Linux 1.0.0。	数十亿台大大小小的计算机都在使用Linux操作系统。

点赞！

社交网络是Web 2.0的特色工具：成员们不再只是访客，而是成为积极参与构建线上内容的一分子。

真厉害！

马克对人工智能很感兴趣：早在1999年，他就开发出一款音乐播放器（英文名为Synapse Media Player），不仅可以播放音乐文件，还能自动查找风格相似的歌曲。

马克·扎克伯格

- （1984—）计算机程序员
- Facebook首席执行官
- 慈善家

　　马克·扎克伯格（Mark Zucker-berg）从小就是个优秀的学生，不仅理科和语文的成绩优异，击剑和绝迹语言方面也表现出色。不过，他最为出众的强项是计算机科学，在编程能力上展现出过人的才华：12岁时，为了方便做牙医的父亲在诊所与家里人联络，他就编写出了一款即时聊天程序。

　　进入哈佛大学后，马克产生了新的想法：他希望伙伴们能够分享自己的日程、照片、经历，并随时随地聊天。当然，他也干过不那么值得骄傲的事——使用自己的平台对同届的女同学们进行评比……

　　2004年，他在自己的宿舍创建了"The facebook"（脸书）网站，仅限哈佛大学的学生访问。此举一鸣惊人，大受欢迎。紧接着，脸书逐渐向英语国家的大学生和高中生开放了访问权限；2006年，脸书向所有13岁以上并拥有有效电子邮件账户的人开放了服务。截至2018年，全球超过20亿人拥有自己的脸书账户！

瞧一瞧 著名的社交网站

2004年	2006年	2010年	2011年
Facebook（常见中文名：脸书）	Twitter（常见中文名：推特）	Instagram（常见中文名：照片墙）	Snapchat（常见中文名：色拉布）

爱德华·斯诺登

- （1983—）美国计算机程序员
- 揭露美国政府大规模的监视行为
- 在俄罗斯受到政治庇护

爱德华·斯诺登（Edward Snowden）是一名计算机程序员，曾先后工作于美国两家情报机构：中央情报局（CIA）和国家安全局（NSA）。他发现美国政府以保护公民为借口，记录公民的所有电子邮件和通话往来内容。斯诺登决定窃取文件，将这些做法公布于众。然而，他也因此遭到打击报复，被以间谍和盗窃的罪名起诉。为免牢狱之灾，他不得不跑到俄罗斯避难。

还有些"吹哨人"揭发一些间谍、黑幕或舞弊事件。这些人都冒着极大的风险只为让民众知情。在当今的数字化时代，信息传播只在眨眼之间。互联网用户被引导着公开了大量的个人信息（如喜好、联系人、观点、宗教信仰等），而未必意识得到这背后隐藏的风险。

2018年，克里斯托弗·怀里（Christopher Wylie）揭发了英国数据分析公司（Cambridge Analytica）曾利用5000万脸书用户的个人信息来促成唐纳德·特朗普（Donald Trump）竞选美国总统和英国脱欧公投事件。这类企业通过用户心理特征的数据分析，更有针对性地投放广告，已经能够潜移默化地影响人们的个人行为！

透明度

计算机

- 个人计算机（PC）、游戏机、智能手机
- 输入设备、输出设备和计算器
- 计算机大家族

　　人体（或动物）可以被看成由感受器官（感觉）、处理器官（大脑）和运动器官（肌肉）组合在一起的整体，而计算机的体系结构也与之相仿：其"感受器官"被称为输入设备，包括键盘、鼠标、触摸板、操纵杆、扫描仪、网络摄像头、麦克风、触控笔、导航系统和陀螺仪等，所有这些接收器均用于接收信息；其"运动器官"被称为输出设备，用于发出动作，也包括很多种，有屏幕、打印机、扬声器、蜂鸣器、指示灯、液晶显示器、电动机等。某些外围设备既是输入设备又是输出设备，如触摸屏、调制解调器（用于发送和接收网络信号）及能够读取和写入数据的存储卡。

　　当计算机收到一条指令时，它怎么知道要执行哪种"动作"呢？这就需要"大脑"的指挥。计算机的"大脑"由很多特殊元件组成，它们分布在计算器、内存、控制器等组件里。核心元件叫作中央处理器，它可以读取程序指令并将指令发送至外围设备，犹如交响乐队的指挥家一般！一些处理器有多个同时运行的"内核"。

　　"内核"数量越来越多，运行速度越来越快，内存容量越来越大……计算机的性能在你追我赶的竞争发展中不断提升！

时空快车

1958年	1962年	1972年	1989年	1994年
出现专门用来玩《双人网球》电子游戏的机器。	世界上第一款电脑游戏问世：《太空大战》（Space War）。	首款家庭电子游戏机：米罗华奥德赛出现，是专门用于游戏的计算机。	首代掌上游戏机：任天堂公司的Game Boy取得商业成功。	家用电视游戏机"虚拟男孩"（Virtual Boy）遭遇商业失败。

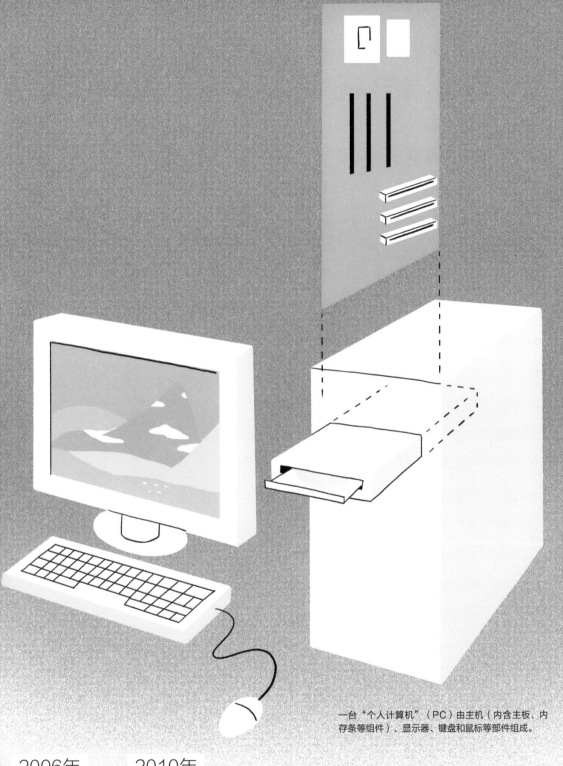

一台"个人计算机"（PC）由主机（内含主板、内
存条等组件）、显示器、键盘和鼠标等部件组成。

2006年

Wii体感游戏机：
搭载运动传感器
的游戏手柄。

2010年

Kinect体感设备：
实现人体运动监测。

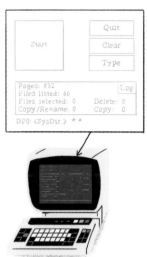

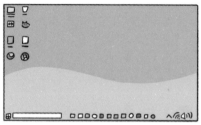

专家们能够在终端模拟器（左图）上操作计算机；相比之下，对普通用户而言，"桌面"（右图）要好用得多！

图形用户界面

● 从命令行开始

● 到触摸屏的转变

早期的计算机若要执行一项新程序，需要靠程序员手动重新编配机器线缆。这实在太麻烦了！很快，随着打孔卡编程技术的出现，省去了手动编配的过程。这比之前方便多了，但是速度仍旧很慢……直到1970年左右，人们开始使用屏幕和键盘，终于实现了人与机器的实时交互！

图形界面的概念源自1968年斯坦福大学的实验室：研究人员尝试将屏幕划分出多个"视窗"（英文为"windows"）以便同时执行多个程序。这些"小窗口"逐渐演变为非专业程序员执行程序的便利工具。1981年，施乐公司开发出第一个图形界面文字处理器（Word软件的鼻祖）。1984年，苹果公司将诸多新创意（窗口、图标、鼠标等）整合在其系列产品Macintosh计算机中，并运用符合人体工程学的设计理念，取得了商业上的巨大成功。微软公司亦不甘人后，在10年后发布了Windows 95操作系统，引发业界轰动！

如今，我们用手指在触控屏上轻轻一点就足以操作计算机，鼠标都似乎成了多余之物；语音指令也正在逐渐取代键盘的功能。明天，脑机接口技术可以使我们通过意念来操控机器，也能直接将图像映射到人脑中。虚拟现实时代已经悄然临近！

轶事

人们一度认为，有了键盘和屏幕，印刷品便再无用武之地。然而事实并非如此——人类依然喜欢保留文字和照片的书面记录！

难以置信！

1976年，施乐公司推出激光打印机样机，令大众用户都能获得专业级品质的打印服务，同时也引发了出版业的变革。

外围设备

- 收集信息
- 执行指令
- 很快会植入人体？

借助许多外围设备，我们可以与机器进行交互活动。伴随着科技的发展，外围设备在种类上不断推陈出新，例如，手写笔和鼠标正逐渐被触控屏或语音指令所取代；同类设备在功能上也持续更新换代，如屏幕（平面、曲面、柔性和触控等）、打印机（喷墨、激光、彩色和3D等）。同时，新型设备层出不穷：游戏杆、麦克风、扬声器、耳机、扫描仪、调制解调器、路由器、U盘……外围设备随处可见！

有时，习惯会阻碍进步，如键盘。键盘的布局设计沿用了机械打字机的布局。早期的打字机有一个缺陷：如果快速键入相邻字母，打字机很容易卡住。解决这一问题的办法是：将单词中经常相邻字母的按键拆得远远的，由此诞生了QWERTY键盘布局。如今，电子键盘已不会再发生此类故障，人们也就没有什么理由必须坚持使用这种不便记忆的字母分布了。但是，由于用户的习惯难以改变，所以即便一些新型键盘创意不俗，也都难以推广开来。这种现象称为"技术锁定效应"。

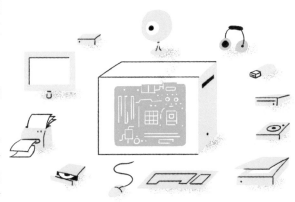

时空快车

1963年	1972年	1984年	2009年
电传打字机	屏幕&键盘	液晶显示器	第一台面向大众的消费级3D打印机

41

1971年

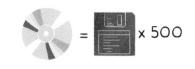

1982年

2000年

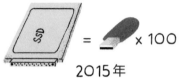

2015年

越来越小的存储介质，越来越大的存储容量！

存储器

- 0和1，描述整个世界的两个符号

正如图灵所预测过的——存储器实现了计算机信息的保存和读取。这些信息可以是待处理的数据（数字、文本、图像和声音等），也可以是用于处理这些数据的程序。能将信息存储在介质上的技术不胜枚举，但是它们大都基于二进制形式：信息用0或1编码，别无其他。

打孔卡技术（有孔/无孔）延续使用了200年后，于20世纪末逐渐被磁存储技术所取代。由于磁铁只有两种极性（北/南），因此将其导向一个方向或相反方向，即可创建二进制形式。磁性介质可以是柔软的条带（如卡带里的磁条），也可以是磁盘（从20世纪70年代的"软盘"到现代的硬盘）。自20世纪80年代以来，另一种"光学"技术出现，它使用激光束读取CD、DVD或蓝光光碟（Blu-Ray）上刻录的微孔。这仿佛重现了老式打孔纸带的模式——但同等大小的表面区域上却放置了数十亿倍的信息！

微型电容器（已充电/已放电）的快闪存储器（USB Key、固态硬盘等）将逐渐取代其他存储介质，这已是可预期的未来趋势。如若我们将目光再放长远些，可以想象出3D全息影像存储器，甚至将数据存储在鲜活的分子中。毕竟，一小段DNA不也正是人体信息的存储器吗？

软件

致敬！

世界上最"长寿"的软件于20世纪60年代首次应用在IBM 1401型号计算机上，随后被移植到许多其他机器上，使用长达40年之久，直至"千年虫"*出现！

机智！

"石灰粉"（Visi Calc）电子表格办公软件的销售量超过100万份。自从它于1979年推出以来，因与Apple II型计算机捆绑销售，使得后者热卖：大多数购买了Apple II型计算机的顾客只为使用这款软件！

- 与机器对话的语言
- 与人类对话的语言
- 启用其他语言的语言

第一台计算机通过直接手动接线来满足用户的需求。随后，微型化时代来临，人类需要与机器"对话"。首先，仅有"0"和"1"的"机器语言"被直接采用（太难了！）；然后，发展到接近英语的编程语言（好多了！），方令更多的人能够参与编程。

操作系统（OS）接收来自所有外围设备（键盘、鼠标、屏幕、扫描仪和打印机等）的信号，提供越来越直观且友好的图形界面。每个操作系统都允许装载多款软件程序，用以进行计算、绘图、文本编辑、录制和剪辑（音频或视频）、发布作品等，无须用户输入任何代码指令！

操作系统种类繁多，其中一些属于商业公司的专利产品，如Windows系统（微软公司所有）、MacOS和iOS系统（苹果公司所有，用于Mac、iPhone、iPad等产品）、Chrome浏览器和Android（安卓）手机操作系统（谷歌公司所有，用于智能手机、平板电脑等设备）；还有一些操作系统是免费开放的，为大众所共享，其中最知名的当属Linux系统。开放式的软件和操作系统通常被认为是最高效、最安全和最尊重个人隐私的：每位用户都可以在使用过程中发现并填补漏洞，使得系统不断完善。

苹果笔记本电脑的几款软件

瞧一瞧　几款操作系统

1974年	1981年	1984年	1984年	1991年	1995年	2001年
世界首款操作系统：CP/M-DOS操作系统	微软公司的MS-DOS操作系统	理查德·斯托曼（Richard Stallman）的GNU自由操作系统	苹果公司的Mac操作系统	Linux操作系统	Windows 95成为成熟的操作系统	苹果公司基于UNIX/BSD开发的MacOS X系统

*千年虫：计算机2000年问题，又叫作"千年危机"，缩写为"YZK"，具体指在某些使用了计算机程序的智能系统中，由于其中的年份只使用两位十进制数来表示，因此在2000年，当系统运行涉及日期处理运算时，就会出现错误的结果，甚至引发系统功能混乱。——译者注。

高瞻远瞩

自1975年起，莫雷诺就为自己提出的多项安全协议申请了专利。不过，直到1983年，银行才开始予以应用，因为当时的人们还很难理解黑客入侵的风险！

芯片

● 发明者是一名法国记者：罗兰·莫雷诺　● 广泛应用在银行卡和手机中

　　1973年，射频识别卡（RFID）诞生了，它能利用无线电波远程读取存储在卡片里的信息。不过，由于这样获取的信息安全性不高，所以用在银行卡上是万万不行的！

　　1974年，罗兰·莫雷诺（Roland Moreno）发明了一种能嵌在扁平电路中的安全系统——"芯片"。密码保护信息，如果连续3次输入了错误的密码，芯片就会自行锁死。芯片技术被电话运营商们率先采用，随后才在银行业广泛应用。

　　鉴于芯片优点多多——实用、安全、价格低廉，这项技术逐渐拓展到存储个人健康信息（如自1998年起用于法国社保卡），甚至个人身份信息（如2012年用于中国电子护照）。如今，每部手机内都放置着芯片卡！我们把这种卡叫作SIM卡（用户识别模块卡），用于识别手机用户。

时空快车

1974年	1977年	2000年	2002年
存储芯片卡	法国布尔公司（Bull）的CP8微处理器卡	中国成功研制基因芯片	带有用于非接触式通信组件的智能卡

难解之题！

摄影方面，高像素固然很重要，但它仅是要素之一。例如，诺基亚808纯景智能手机（Nokia 808 PureView）虽然像素高达4100万，但是其镜片和软件的配置难以与之匹配，效果差强人意！

数码相机

天文工作者的利器　　　　摄影师的工具　　　　游客必备之选

如果你透过放大镜观察屏幕，会发现屏幕上的图像是由无数红色、绿色和蓝色的小点点组成的，别无其他！这些"点"叫作"像素"，它们将一幅图像分割为多个单位信息：像素越多，其颗粒越细密，我们称其"分辨率"越高。

所有数码摄像头［如网络摄像头、电荷耦合器件图像传感器（CCD）、智能手机上的相机等］的工作原理都一样：光学透镜将图像聚焦在电子传感器的网格上，而传感器恰似我们视网膜上的视锥细胞，能识别某些颜色。每个传感器测量在其识别范围内接收到多少个光子（"光的颗粒"）：它接收的光子越多，图像便越明亮，颜色看起来就更加饱和。

所有传感器（通常为几百万个）一起工作，便可以重建整个图像！

数码照片最初由天文学家发明，现在已经不足为奇，几乎存在于每个人的手机里！

瞧一瞧　数码相机传感器分辨率的演变

1975年	1997年	2006年	2008年
史蒂文·赛尚（Steven Sasson）的样机：1万像素	富士DS-300数码相机：130万像素	索尼Alpha 100：1000万像素	泛星计划（Pan-STARRS）PS1相机：14亿像素（位于夏威夷的望远镜上）

真厉害！

二维码（QR Code）最初发明于1994年，是一种二维条码。通过智能手机扫描，可以将其解读为身份标识号、网址和文本等。

大明星

目前，尺寸最大的平板电脑是三星Galaxy View设备，重2.65千克；最小巧的智能手机是Posh Mobile Micro X S240，仅重53克！

哦？真的吗？

如今，人们每天都会翻看大约120次智能手机！在单位、在家、吃饭时、看电视时、睡觉前……甚至，在驾驶中也难以避免（这太危险了！）！

移动电话

● 拿在手里的计算机

受军用对讲机的启发，美国工程师马丁·库帕（Martin Copper）为摩托罗拉公司交付了一部移动手机的样机：这台设备重达1千克，长25厘米，通话时长仅为30分钟，但库帕在1973年拿着它来到纽约第六大道上——无须身处电话亭内——成功地打出了一通电话！直到10年后美国才重视它的实用价值，而日本则自1979年起就率先采用了无线通信技术。

与此同时，另一个市场蓄势待发：PDA市场（个人数字助理，也称掌上电脑）。它是集计算器、时钟、记事本、议程和地址簿等功能为一体的小型设备。1997年推出的Palm Pilot被认为是

● 比地球上总人数还多

当时最成功的掌上电脑，用户甚至可以用它上网，可谓时髦商人的不二之选！对公众而言，这是MP3播放器的时代，这也是苹果公司即将把3个市场——移动电话、MP3播放器和可以上网的完整配置——一体化的时代。2007年，iPhone手机问世，这一符合人体工程学的革命性产品从此风靡全球。许多品牌都纷纷采用类似理念，推陈出新。如今，智能手机已广泛普及，成为人们的随身物品。

你知道吗？全球正在使用的智能手机数量已与人类总数持平！虽然装在衣服口袋里，它们可全都是一台台真正的计算机！

时空快车

1875年	1928年	1983年	1987年	1992年
格雷厄姆·贝尔（Graham Bell）发明了电话。	巴黎—纽约电信通信	移动电话	加密SIM卡，可识别来电者。	智能手机

点赞！

Siri、Alexa、Cortana这些都是人工智能助理：通过语音识别技术，它们可以协助用户实现网络搜索、定位、打电话、呼叫出租车、预订酒店等服务，甚至还能实时翻译！

难解之题！

电话发出的电磁波对我们的大脑到底有没有影响？这个存疑一直未有定论。预防起见，我们最好尽量少用手机并使用免持配件。

智能手机非常实用，人们在日常生活中都将它随身携带。

2012年
手机数量超过固定电话数量。

2013年
全球75%的人口拥有手机。

2014年
智能手机数量超过PC。

机器人

- 能够工作和勘探
- 能够协助人类
- 能够模仿人类行为

机器人是一种能与周遭环境进行互动的机器：它们依靠传感器（如温度计、光电二极管、麦克风、陀螺仪等）探测外部信号，其内部程序根据感知的情况决定其作何反应，然后通过制动装置（如散热器、灯泡、扩音器、电动机等）再及时表现出来。

20世纪，机器人主要遍布于大型的工业机器，用它们完成一些重复性或高危性任务。比如，在工厂里，机器人可以进行粉刷、拧螺丝、钉铆钉、拣选、流水线包装等工作；人们还能通过远程遥控的方式，让机器人协助处理核废料，探索海沟，甚至探访其他星球。

21世纪，工业机器人依然应用广泛，与此同时，更多新型机器人闪亮登场，进入千家万户：有些机器人可以照顾自理能力缺失者（如残疾人、高龄老人等），还有一些机器人可以独自完成吸尘、洗衣服等家务。以洗衣服为例，他们能分析衣物类型，从而确定洗衣剂用量、运转时长和水温……

在工作领域内，一些对精准度要求极高的职业（如外科医学）也越来越多地使用机器人。如果机器人能取代人类做任何事情，那我们人类以后要做什么呢？

哦？真的吗？

在火星上，漫游者号登陆车自主活动，因为想在地球上实时遥控它是不可能实现的！只有每次信息更新的时候它才能接收到后续目标指令，其余时间它就只能凭自己的本事继续探索任务了。

制造一辆车的全过程几乎不再需要人力的介入，其组装流水线已完全实现了自动化。

自动驾驶汽车

● 监测　　　　● 判断　　　　● 保护

近些年,汽车已经不再仅仅是一种交通工具,它还是司机的驾驶助手。以GPS(全球定位系统)或者欧洲常用的Galilieo(伽利略卫星导航系统)为例:汽车"知道"它在地球上的精确位置,也"知道"如何抵达目的地。GPS基于一个接收器(组件箱)和卫星网络。通过测定从最近的3颗卫星接收信号的时间,GPS便能计算出车体在地球上的准确位置。

能够获悉汽车所处位置和行驶路线已经很牛了,关键是——汽车还能自动驶向目的地!

自动驾驶汽车不仅要自我监控(例如,油箱里的油还够吗?胎压足吗?),还得实时监测外部环境,这更是难上加难:汽车通过摄像头和雷达识别出其他车辆、路况、障碍物、行人……并且要在意外发生时能迅速做出判断和反应。在高速公路上,路况相对单一,该项技术的使用已近成熟;不过,在路况复杂的市区,随时随地都可能出现各种突发状况,自动驾驶技术的完善尚需时日……

时空快车

1769年	1860年	1908年	1922年	1990年
法国人居纽(Cugnot)制造出世界上第一辆三轮汽车(蒸汽驱动)。	内燃机问世。	福特T型车是首个大批量生产的汽车车型。	交通规则出现。	GPS导航系统投入使用。

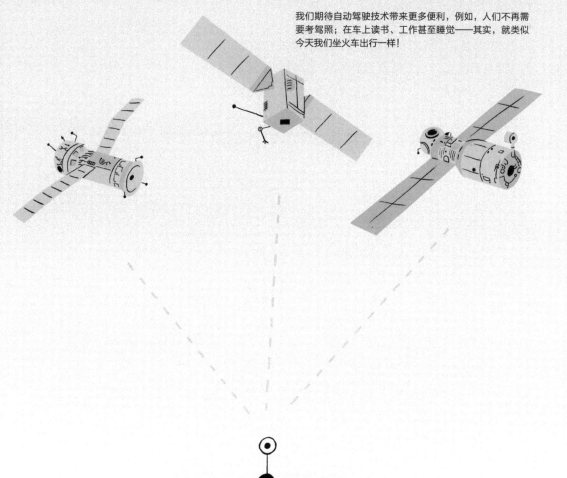

我们期待自动驾驶技术带来更多便利，例如，人们不再需要考驾照；在车上读书、工作甚至睡觉——其实，就类似今天我们坐火车出行一样！

2003年

丰田普锐斯（Prius）车型实现自动泊车。

2005年

美国无人驾驶汽车超级挑战赛（DARPA Grand Challenge）上诞生首位冠军。

超级计算机

- 加快
- 再快
- 一直更快

1961年，IBM公司推出了一款比所有计算机更强大的计算机——7030 Stretch，主要为科学家们提供服务，用于完成越来越复杂的计算。超级计算机的典范之作是Cray CDC 6600，售价为800万美元，每秒执行1000万次浮点运算。其设计师西摩·克雷（Seymour Cray）终其一生都是该领域内的全球顶级专家。

超级计算机的运算原理很简单：将多个主板（尤其是用于3D计算的显卡）直接集中在同一箱体中，就如同多台去掉外壳和外围设备的计算机连在一起！如此一来，多条"通路"并行运算，而在每条"计算通路"中，每个处理器对不同数据进行相同的计算，实际上每个处理器都仅执行一小部分的计算。

超级计算机的主要缺点是价格高昂。2002年，科学家们有了新想法：将成千上万台小型家用计算机通过网络连接起来。这种网络与超级计算机一样高效，而且价格便宜得多。该网络的计算能力用于服务SETI程序（搜寻地外文明计划），以寻找外星生命。

瞧一瞧　多款超级计算机的运算能力（FLOPS=每秒浮点运算次数）

1964年	1976年	1985年	1997年	2008年	2018年
Cray CDC 6600: 10MFLOPS，即每秒1000万次的浮点运算。	Cray I: 80MFLOPS，即每秒8000万次的浮点运算。	Cray II: 1GFLOPS（与iPad2一样强大）	ASCI Red: 1 TFLOPS（十亿亿次），即每秒1万亿次的浮点运算。	IBMRoadrunner: 1PFLOPS，即每秒1000万亿次的浮点运算。	IBM/Nvidia Behold Summit: 200PFLOPS，即每秒20亿亿次的浮点运算。

"源"来如此！

"Arduino"这个名字源于其创造者们时常会面的酒吧！

有趣儿！

每年法国的星球科学协会都组织业余爱好者举行机器人足球杯赛：参赛者们都是机器人，他们一起踢足球！

Arduino——
微型编程平台

- 小巧
- 价格便宜
- 几乎无限的可能性！

自2006年以来，一种用于学习编程的计算机日渐流行：通过这种"迷你电脑"，人们可以直接在程序创造者们的成果上进行改编。有了这一理念，你就能创造出自己的机器人了！

Arduino电路板（2011年发售集成开发版本）包括可重新编程的微控制器、大量的输入端口和输出端口，你可以按照自己的想法选用外围设备！编程语言可以是C++，也可以使用mBlock软件（Scratch的翻版）！如果你想简化端口连接，可以将扩展板（如Shield Grove）直接插在Arduino控制器的输入和输出端口，并在扩展板的插槽中直接连上传感器或电动机！

快动手试试吧！你需要一组配件：两个电动机、两个轮子和一个近距离传感器。大约只要几百元人民币，你就能设计并制作出一辆在房间里畅行无阻的机器人车！在这之后，就请尽情发挥你的想象力去创造吧！

你可以造出一辆属于自己的机器人车！

吃豆人是全球最成功的Game Boy（一款掌上游戏机）游戏之一。

电子游戏

- 自娱自乐
- 与朋友共享
- 联网游戏

　　顾名思义，电子游戏是在电子屏幕上玩的游戏。历史上最早的电子游戏之一（1958年《双人网球》游戏）使用的屏幕是示波器！20世纪70年代，雅达利公司瞄准了两个方向——街机市场和家庭游戏机市场：前者是指专用于单款游戏的付费机器；后者则指人们把游戏机买回家，只需要连上电视，就能足不出户地玩遍多款游戏。

　　如今，电子游戏的种类已经数不胜数！动作游戏、格斗游戏、平台游戏、射击游戏（也称为第一人称射击游戏）、探险游戏、实时或回合制策略游戏、管理游戏、体育游戏、赛车游戏……不过，

从媒体报道上看，电子游戏也引发不少问题：过于暴力，令人上瘾，有引发癫痫的风险，等等。因此，玩电子游戏必须懂节制、能自律，这样我们在现实世界里也能乐在其中！

　　有了便携式游戏机（如1989年发明的著名任天堂游戏机Game Boy），或者如今更普遍的智能手机或平板电脑，你就可以在任何地方玩自己喜欢的游戏了。而家庭游戏机仍然具有发展潜力，因为它不像便携式设备一样受到尺寸和续航方面的限制，其功能势必将更加强大。虽然街机亭比以前少了很多，但仍然吸引着复古游戏迷或对其情有独钟的日本人！

瞧一瞧 几款标志性游戏

动作类	探险类	体育类	管理类	策略类	沙盒游戏
Battlefield（《战地》）	*The Legend of Zelda*（《塞尔达传说》）	*FIFA*（《国际足球》）	*Sim City*（《模拟城市》）	*Civilization*（《文明》）	*Minecraft*（《我的世界》）

大明星

一群热爱"捣鼓"计算机的人，在他们做研发工作期间掀起了一场高科技的革命。这其中包括威廉·休利特（William Hewlett）和大卫·帕卡德（David Packard），他们最早创业的"车间"——一个车库，现在已成为博物馆。

车库

- 传奇公司的摇篮
- 材料不多，耐心很足
- 硅谷诞生地

20世纪70年代，计算机俱乐部如雨后春笋般涌现：计算机爱好者们争相翻阅最新的专业杂志，根据杂志里分享的源代码，忙着在自己的计算机上编写新的电子游戏程序……有些人甚至自己造出了机器！做这些事通常需要一个焊接台，还有用于敲敲打打的钳工台，因此，自家的车库可谓工作地点的理想之选。

在车库里并存着两种工作哲学：创客和黑客。

创客们购买配件，然后把零件焊接起来，从而创造出自己的机器。这正是当今数制工坊实验室（Fab Labs）的理念：自选所需机器，创造出自己的专属之物。黑客则不同，他们专做

"逆向工程"：黑客对购置的机器进行拆解，从而弄明白机器的工作方式并提出改良方案。

在美国加利福尼亚州斯坦福大学附近，一大批初创公司都是在车库中孕育而生的，其中不乏日后的计算机行业巨头：惠普公司（1939年）、苹果公司（1976年）和英特尔公司（1968年）。这里，便是"硅谷"诞生之地，如今已有超过6000家高科技公司云集于此！

瞧一瞧 零杂工们变身为亿万富翁

1939年

休利特和帕卡德在帕罗奥多（Palo Alto，美国城市）创立惠普公司。

1976年

乔布斯在洛思阿图斯（Los Altos，美国城市）创立苹果公司。

1998年

拉里·佩奇（Larry Page）和谢尔盖·布林（Sergey Brin）在门洛帕克（Menlo Park，美国城市）创立谷歌公司。

居家环境

• 智能化　　　　　• 自动化　　　　　• 实用性

你知道吗？你的生活已经被信息科技包围了！如计算机、网络机顶盒……不止于此，洗衣机能根据衣物重量调节脱水时间，烤面包机在计时器响起前就弹出烤好的面包，修草机能独自修剪花园里的草坪……因为这些物品都不再仅仅是简单的家用电器，而是真正的机器人！

甚至，我们居住的整幢房子都处处显示着机器人的行为特征，例如，温控器根据测得的室内温度控制暖气的开关；日暮时分，卷帘百叶窗自动展开；人体感应器可以自动开灯，而不需要我们去按电灯开关……这就是住宅自动化管理技术。最早的物联网实践是一款网络可乐自动贩售机：在饮料售罄时，这台机器会向顾客发出提示信息。

在我们周围，已经有越来越多的物品实现了联网技术：通过网络电视，人们可以检索到后面要播放的电视节目；清晨闹铃一响，房间里灯光缓缓变亮；还有会提醒你已经长胖了的智能体重秤……很快，我们就能在冰箱上购物了！机器人管家独掌大权的日子还会远吗？

时空快车

1898年	1907年	1966年	1971年	1998年
尼古拉·特斯拉（Nicolas Tesla）发明了遥控器。	第一台电动吸尘器问世。	世界上首款家庭自动化控制系统Echo IV诞生（并未商业化生产）。	微控制器出现，令科技深入生活。	智能家居的概念"千禧屋"展（暖气、门禁、照明、警报系统、园灌溉……）。

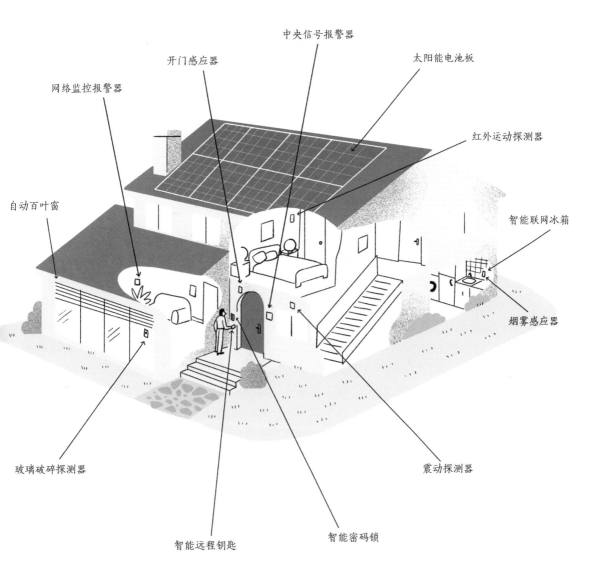

网络监控报警器

开门感应器

中央信号报警器

太阳能电池板

红外运动探测器

自动百叶窗

智能联网冰箱

玻璃破碎探测器

烟雾感应器

震动探测器

智能远程钥匙

智能密码锁

智能家居令日常生活越来越便利。

今天

通过智能手机就可以
远程操控家里越来越
多的物品。

办公室与学校

- 新的学习助手
- 要不要偶尔断开网络？

20世纪50年代，计算机由于造价高昂，仅供大企业使用。此后，办公自动化技术逐步有了新面貌。在计算机普及之前，一份"文档"就是一个记事簿，集结着一篇篇手写的"文件"；后来，信息被井井有条地整理好，人们可以轻易将其备份或打印出来。到了20世纪80年代，计算机体积越来越小，售价越来越低，功能却日益强大。如今，计算机走进千家万户，数量已与人类总数不相上下！

科学还是工具？我们可以认为信息技术是一门帮助学生认识现实世界的科学。也有人把信息技术看成众多实用工具（计算机、打印机、扫描仪等）的集合，不必被深度探究。

在学校里，计算机（台式计算机、手提电脑、平板电脑等）与扫描仪、打印机、投影仪甚至交互式白板联网共用。在一些高中，还配备铣床、机器人车床、激光切割机、3D打印机甚至3D扫描仪！俨然一座座小型数字创作坊。

信息化2.0版学校正以迅猛之势发展，然而，其功用也不应被过分吹捧。毕竟，只有通过自己持之以恒地学习并认真做练习，才能取得好成绩——在这一点上，机器永远无法代替任何人！

言之有理！

通过互联网，海量信息任人访问，但其中不乏有心或无意产生的错误信息。因而，虽然计算机能辅助学习，但还不能取代老师。

投影仪 →

可触屏幕

扫描仪

计算机

3D打印机

打印机

平板电脑

手提电脑

口袋里的信息技术

- 各式各样，升级换代
- 实用便携，恐生依赖

增强现实技术意味着感知力的拓展，那么我们已经借此成为"增强人类"了吗？我们每个人的口袋里都有一部智能手机，如果想知道某个问题的答案，只要轻轻点击一下网络上的"维基百科"（Wikipedia），叮一声！答案随即呈现在眼前！有了GPS导航系统和互联网，我们的智能手机、智能手表及智能眼镜，都能够依据设备摄像头所拍之物，及时显示出与之相关的信息，如景点的百科资料、预订信息、联络方式、社交网络上的最新评论等。

当我们收起支票簿和纸币，改用银行卡付款时，数字化变革就已然开始了。如今，联网的手机和手表不仅能作为支付终端，还能看视频、打游戏、设定闹钟、提醒约会、记录购物清单，甚至可以监测体重和心率。或许，科幻小说里的场景很快就能成为现实——我们的手臂变成了可触的柔性屏幕！

有趣儿！

1949年的《大众机械》（Popular Mechanics）杂志上曾这样写："未来计算机的重量不会低于1500千克。"哎呀，这个预言真是大错特错！

哦？真的吗？

有人认为人类正在渐渐变成新的物种——一半生物一半机器。信息技术的发展会创造出"机器改造人"吗？超人类主义者满怀期待，但也有人对此深表忧虑。

在太空中

- 太空，信息技术发展的源头
- 信息技术，与对太空的征服息息相关

第二次世界大战深刻地影响了战争的方式。两军对峙，再也见不到面对面的"剑拔弩张"和"刀光剑影"，取而代之的是能精准打击20千米外移动物体的火箭炮、飞越山海的洲际导弹、制空平流层的轰炸机——这些武器无论用于监测、防御还是攻击，都与计算机的精细计算密不可分。

在冷战期间，有一支特殊美军机构——NACA（美国国家航空咨询委员会），利用微型化先进技术，将"载人"和"导弹"结合起来——宇宙飞船横空出世。在阿波罗登月计划（Apollo）中，充分应用了一项当时的新发明：集成电路。鉴于其研发的价格高昂，所以只有军方才能提供足够的资金支持！

太空环境对人类而言可谓"恶劣"，我们需要极先进的科技装备才能保护自己。今天，人类有了成千上万的人造卫星，用于观察我们的星球并保障通信（如GPS导航系统和GSM谷歌移动服务）；也将多个自动探测器陆续送往月球、火星、土星……进行探索。此外，多个国家共同努力维护国际空间站的居住环境和工作运转。

或许某一天，机器人真的能把火星改造成人类可居的新家园？

火星探测器

时空快车

1957年

第一颗人造地球卫星"斯普特尼克1号"成功发射——它只是一个能发出"哔哔"声的小型简易球体。

1961年

阿波罗登月计划启动，催生出"科技之都"——硅谷。

2015年

冥王星首迎"地球来客"：载有计算机和科学仪器的新视野号探测器（New Horizon）——一个真正的无人实验室！

61

难以置信！

阿帕网的最初创立主要出于军事目的：在美国华盛顿分析阿拉斯加的测震数据，用来预警苏联的核试验动态。

哦？真的吗？

互联网上的信息在通过网络传输之前被切割成"数据包"发送。抵达终端后，它们再按原本的顺序排列起来。这就好比我们把一张完整拼图拆成若干份，分装在不同包裹中同时寄送。

大明星

1977年，虽然尚在冷战期间，苏联人根纳吉·多布罗夫（Gennadji Dobrov）成功地将美国、奥地利、波兰和苏联的多台计算机连通起来，实现了跨越国境的信息传输。

在云端：互联网

• 所谓"云"，其实就是别人的计算机！

1969年，多所美国高校的科学家希望能够远程联合工作。于是，他们通过电话线把从犹他州到加利福尼亚州之间的4台计算机连接起来，由此诞生了阿帕网（APPANet）：如果一个服务器出现故障，这个网络并不会切断。阿帕网团队为互联网的发展奠定了基石：邮件系统、数据包传输、实时定位……

1993年，欧洲核子研究中心（CERN）创建了万维网（World Wide Web），它是一组综合技术协议，可以实现通过网址（URL）定位网页，与服务器通信（HTTP），并将内容呈现在屏幕上（HTML，超文本标记语言）。很快，出现了首批网络搜索引擎：雅虎（Yahoo!）和远景（Altavista）（1995年），随后

是谷歌（Google）（1997年）。这些搜索引擎让我们能更加便捷地发现并浏览感兴趣的页面。

2011年，连接到互联网上的计算机已经不计其数。人们开始将自己的数据存储在另一台机器的磁盘上，而这台计算机可能近在咫尺，也可能远在天边！这就是人们常说的"云技术"（Cloud），这与天空中的云朵完全没有关系哟！

这种技术用处很大、好处更多，但也引发了伦理层面上的新问题：云端数据究竟归谁所有，是数据的发布者还是数据的存储者？如果这两个人位于不同的国家，那么又该遵循哪国的法律呢？

瞧一瞧 网络的迅猛发展

1969年	1993年	1995年	2001年	2002年
阿帕网诞生于美国，连接了4台计算机。	万维网创建于欧洲，连接了5万台计算机。	MP3播放器问世，MP3是为互联网交流设计的音频格式。	维基百科问世，由全体互联网用户提供内容支持。	无线网络技术WiFi启用。

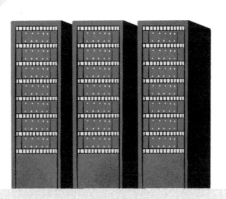

所有电子设备都连接到"云"。

2005年

互联网广告热潮

2006年

每天新增17.5万个新博客！

2018年

有230亿台计算机和其他物品连入互联网。

才华横溢！

1967年，帕普特发明了最早的一种专门用于学习编程的计算机语言——LOGO语言：根据用户所编的程序，指挥一只"乌龟机器人"在地面上绘图。这正是美国名校麻省理工学院研发的Scratch编程工具的雏形。

致敬！

为了纪念历史上第一位密码分析专家肯迪，法国一项面向中学生的密码技术竞赛用他的名字命名。

有趣儿！

Makey-makey主控板可以让人自制一款专属键盘：任何物品（香蕉、一杯水、面团等）都能变成游戏手柄！

学习信息技术

- 并非只有天才会编程！
- 用 Scratch 自制一款游戏
- 自己动手无须购买

编程学习不限于专业人士，你也可以通过编程创造出独一无二的电子游戏！比如，运用Scratch编程工具（网址：scratch.mit.edu），你可以使用各种零件来打造出好玩的游戏程序。

首先，创建一个动画面板：拖入一张海底图片作为背景图，然后加入几个鱼形"精灵"素材，再给它们赋予不同的指令：一只在屏幕上来回游动，一只可以转圈圈或变大变小。想实现这一效果，其实特别简单：你只要把一块块"拼图"（指令）拖拽到编程窗口中，"小精灵们"就会一个接一个活动起来！

一旦操作熟练了，你就可以尝试编写出一款真正的电子游戏：用"变量"记录得分，用"箭头"键启动"事件"，如移动画面里的小人儿。接下来，就请发挥想象，尽情玩起来吧！

时空快车

1964年	1967年	1991年	1994—1995年	2003年
首个计算机语言BASIC诞生。	LOGO语言可对著名的"乌龟机器人"进行编程。	Python编程语言诞生，如今仍在高中和工业领域广泛应用。	PHP和JavaScript两款网络语言广泛应用。	Scratch，目前用于编程学习的最佳工具之一。

SCRATCH 幼儿版

在Scratch Jr程序中，小红鱼尾随小黄鱼，沿着方格给出的轨迹在两端之间不停地游来游去。

2011年

Arduino，让用户可以自制机器人的微控制器！

难以置信！

如果把整个互联网看成一个国家，它会是全球第三大能量消耗体，仅次于中国和美国！在谷歌浏览器上每小时有1.4亿次的搜索量，其耗能相当于在巴黎和纽约之间往返1000次！

小举动，大作为

一个简单的小举动，就能为节约能源贡献一份力量：不使用计算机时就顺手关机，而不是让设备处于休眠状态。

点赞！

一个装备了智能家居（由计算机操控）的房屋可以在供暖、空调和照明系统上节省15%的能源。

信息技术与可持续发展

- 耗能更大
- 需要稀有资源
- 人人节约

信息技术的发展常常被指责危害环境。确实，计算机对能源的消耗甚高。其产量与日俱增，配件持续升级，这些都令计算机对能源的需求有增无减。其中含有的稀有金属或有毒金属难以回收。据估计，生产一台计算机所消耗的能源与其70年使用期内所耗能源总量一样多！然而，人们通常5年左右就换一台新计算机……

尽管如此，信息技术也在助力减少人类对环境造成的破坏。例如，大型计算机服务器释放的热能可利用起来，用于泳池或建筑物的供暖。

借助计算机和网络，我们还可以实现在自己家里工作，从而降低开车出行的需求。可见，"远程办公"利于节约能源（还能节省时间和缓解压力）！每周在家工作2天的员工每年可以节省800千克以上的二氧化碳排放。

最后，信息技术还能优化我们的住所、工厂、农场……在提高这些场所使用效率的同时，还能控制水资源和其他能源的消耗。

从超级计算机冷却系统中流出的热水可以为其他建筑物供暖，如这座泳池！

公共生活与个人隐私

讨厌!

谷歌公司和脸书公司都为人们提供免费的服务,但有数百万美元的收益。为什么?因为他们将用户的个人数据转售给了广告商……

难以置信!

如今,数字技术在中国已被广泛应用于公民的日常生活:基于个人的社会活动,为每个人打出"征信分数"。是否迟缴账单?是否乱穿马路?一旦某人信用分数降低,他便会失去某些权利……

- 互联网对一切记忆犹新
- 社交媒体或含风险
- 信息技术既能服务用户,也能监视用户

在社交网络上,人们轻而易举地共享、交流和丰富虚拟社交生活。不过,我们必须留心:在虚拟空间中所花的时间往往以牺牲现实生活中的时间为代价,而后者更为重要。

另外,互联网看似以匿名机制保护着用户隐私……但是,当你在社交网络上展示个人生活、爱好、观点、朋友或照片的时候,你果真是匿名的吗?在"大数据"和人工智能时代,某些大公司或政府已经可以轻而易举地交叉比对网上的海量数据信息,无论这些信息是用户自愿展示的,还是无意识留下的。

如何保护用户的形象和隐私?在互联网上发出的数据不再受个人掌控,而且,当数据由国外的服务器托管时,与本地法律法规或有冲突,想删除数据更是难上加难。人们都说网络是"超级记忆体",因为它永远不会"忘记"任何东西。因此,我们在网络上发布内容时务必要保持戒心!

时空快车

1994年
首批交流论坛出现。

2007年
社交网络蓬勃发展:我的空间、脸书、领英、推特等

2018年
欧洲《通用数据保护条例》(GDPR)出台。

信息技术与信息

- "假新闻"时代
- 广泛而迅速地传播
- 如何辨伪存真？

互联网的发展滋萌了美好的希望——每个人都有机会获悉人类的全部认知。维基百科就是其中一例：它用291种语言集合了3700万篇百科词目。在某些独裁政权下，信息传播受到严格控制，而社交网络的出现可以让民众更好地获知信息和表达自己。

可是，如果每个人都恣意表达自己的意见，那么要如何防止某些人趁机撒谎、诽谤、造谣或故意编造虚假新闻来左右他人的想法呢？早在2016年，特朗普竞选美国总统和英国脱欧公投期间都发生过此类情况。社交网络——尤以脸书为甚，成为众多阴谋网站的温床，众多虚假信息假借"言论自由"之名滋生、泛滥。

民主的基础是公民有权参与公共辩论和政治活动。如果公民难以知情，或者为人所操纵，民主政体就会岌岌可危，难保不被民粹主义者或独裁者谋权篡位。

现如今，海量信息唾手可得，然而，关键问题在于如何在各类网站上甄别出"真"的信息。

你被骗了！

瞧一瞧

1881年	2000年	2001年	2018年
《新闻自由法》颁布。（严禁虚假信息）	Hoaxbuster网站创立。	维基百科创立。	脸书与英国数据分析公司的丑闻事件

精益求精

1988年，罗伯特·莫里斯（Robert Morris）想测量互联网的规模。他利用网络安全漏洞设计的"蠕虫"程序在计算机之间迅速传播。这是最早的计算机病毒，使"中毒"机器的运行速度变得极其缓慢。

讨厌！

2010年，首次出现了针对国家的网络攻击：有人（尚无定论）用震网病毒（Stuxnet）破坏了伊朗的核电站设施。

难以置信！

谷歌最初只是一个简单的搜索引擎，如今其业务已拓展到即时通信、记事簿、文件存储、地图、网页浏览器、社交网络等诸多方面，可以说，其用户的个人信息都在谷歌的掌握之中！

信息技术与法律

- 尊重每个公民的私生活
- 加密，对于保护数据至关重要
- 尊重版权，人人有责

国家能否在保护公民安全的同时又充分保障其自由呢？这一问题，恐怕难有两全其美的答案：想要预防犯罪行为，就得提前锁定犯罪分子，并在他行动之前剥夺其自由。可是，如果他还没采取行动，那么仅凭他的歪念头就能认定他是罪犯吗？

这场辩论始于1740年：纪尧特（Guillauté）提议公示200万巴黎人的个人信息，以寻找潜在的罪犯。于是在1791年，统计科学给出了一种折中方案，例如，人们可以知道城市中工人的比例，而不必一一知晓他们的名字。两个世纪后，信息技术再次引发了这一争论：鉴于政府和某些公司互通公民信息的行迹，民众要求个人隐私必须得到保护。1978年，法国创建了国家信息和自由委员会（CNIL），旨在保护法国人民的个人信息。然而，举报事件屡见不鲜。

利用信息技术，有人能对我们的所有个人信息一览无余，这着实令人深感恐慌……不过，信息技术也可以保护我们，比如，加密技术用于保护用户的数据。

时空快车

1976年	1999年	2009年	2010年
发明RSA加密算法。	出现Napster软件，用于用户间共享MP3音乐文件。	出台HADOPI法案，以打击音频和视频的盗版现象。	首次出现国家层面的网络攻击。

哦？真的吗？

欧盟于2018年通过了《通用数据保护条例》（GDPR），规范了政府和企业对用户数据的使用。这是目前全球对用户个人信息最具保护性的法规。

1976年，李维斯特（Rivest）、萨莫尔（Shamir）和阿德曼（Adleman）使用单向数学函数创建了"RSA 公钥加密"算法。爱丽丝使用鲍勃的公钥（绿色挂锁）对她的消息进行加密；而只有鲍勃用私钥（绿色钥匙），才能解密和读取这则消息！

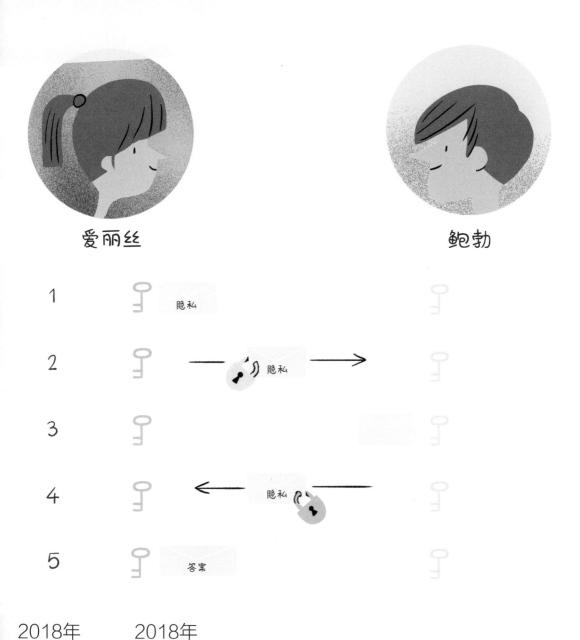

爱丽丝

鲍勃

1　隐私

2　隐私

3

4　隐私

5　答案

2018年

脸书卷入英国数据分析公司泄密丑闻（第37页）。

2018年

欧盟出台《通用数据保护条例》。

哦？真的吗？

1968年，第一个"专家系统"Dendral问世，这项人工智能成果通过模仿人类思维来识别化学分子结构。

难以置信！

全基因组测序首先对数百万个脱氧核糖核酸（DNA）片段进行化学鉴定，然后通过信息技术把这些碎片重建出新的基因组！

机智！

研究人员并非整日埋头苦算，他们还要及时了解全世界同行的研究动态。与大学图书馆相比，在互联网上获取信息显得更方便，速度更快，成本也更低。图书馆或将逐渐被取而代之。

信息技术与科学

- 获取信息
- 计算
- 数据处理

19世纪，想要征服海洋，首先要能精准地自我定位。巴贝奇曾向英国海军提议：应该设计一种可以执行复杂计算的机器，它能比人脑算得更快，而且没有出错的风险。直到150年后，这一想法才得以实现。最早的计算机首先用于科学领域的计算：晶体学、声学，以及战争时期被用于核物理学和弹道学……

科研人员和工程师都要创建一些"模型"——用来模拟真实现象的计算机程序。例如，强大的计算机可以通过研究多种参数（如人口数量、能源储备、农业类型等）的影响来探究地球在1年、10年、100年或1000年后的气候如何，然后计算机再对数百万种可能性予以分类，从而获知最可能出现的情形或者最令人担忧的状况，等等。这些推断并不能等待被真实地验证，毕竟地球只有一个！

如今，计算机模拟已成为几乎所有科学的基础应用：从生物研究到天文学，还有物理学，乃至研究人类行为的社会学！

时空快车

1963年	1994年	2012年	2012年
洛伦兹模型（Lorenz）：大气的运动是混沌的！	法国用超级计算机模拟了真实的核试验爆炸。	欧洲核子研究组织（CERN）发现了希格斯玻色子。	"好奇号"探测器在火星上开启探索之旅。

2015年

空客新型飞机A350上的1500个零件由3D打印机制造。

2024年

人类大脑计划（HPB）旨在通过计算机模拟人类大脑。

模拟气候的模型将世界分成很多"小格子"：每个格子都有其代表参数（成分、温度、湿度等）及其与"邻居"的"交流"规则。

大明星！

2011年，IBM公司研发的超级计算机“沃森”在美国智力竞赛节目《危险边缘》（*Jeopardy!*）中斩获冠军。不过从那以后，它便“功成身退”，成为美国多家诊所的医学诊断助手。

点赞！

2020年，浙江大学完成中国首例植入式脑机接口的临床研究。患者经过训练后，可以利用大脑运动皮层信号精准控制外部机械臂与机械手。

真厉害！

2008年，谷歌推出产品Google-Flu：它通过监测公众在互联网上搜索的关键字，能早于医疗官方机构好几天预测出流感的发展趋势。

信息技术与医学

• 仿生义肢　• 精密手术　• 重大疾病

早在古代，医学就已经开始为截肢者（无论是平民还是军人）提供假肢替代他们缺失的肢体。假肢的材料不断改进：木头、金属、陶瓷、硅胶、珊瑚……如今，假肢已经实现了机器人化！比如，一只仿生手可以稳妥地拿起易碎品或者抓牢扶手。此外，即便是健全人群，假体也能帮助提升人体机能：机械外骨骼可以协助举起重物、跨越障碍，甚至腾空飞行！

在医用机器人中，外科手术机器人能够完成一些精密手术，还有一些机器人可以协助病人进行身体或精神康复。他们可以刺激阿尔茨海默症患者的大脑，还能帮助病人在无菌罩里与家人进行联络。未来，纳米机器人（胶囊内窥镜）将能直接探查我们的动脉和肠道，诊断病症，甚至开展治疗！

机智！

自1998年以来，法国普及使用装有内置芯片的社会医疗保险卡，简化了每个法国人就医、买药及报销的流程。

难以置信！

2001年，纽约的一位外科专家通过远程操控机器人为一位在法国斯特拉斯堡（Strasbourg）住院的病人顺利完成了手术。如今，远程医疗正蓬勃发展。

与工业机器人一样，自2000年起外科手术引入外科手术机器人参与医疗手术。

真厉害!

2001年,苹果公司推出了iPod（5GB容量,可播放1000首歌曲）和iTunes平台。这一行为深深撼动了音乐产业,引发业内的非物质化变革。

大明星!

2004年,Vocaloid虚拟歌手诞生于日本。大约5年后,成千上万的"粉丝"特地赶往偶像代表人物初音未来借助全息投影技术而"现身"的音乐会!

难以置信!

人工智能正在壮大音乐人队伍:以歌曲样本为参考,计算机便能即兴创作出类似风格的旋律!

信息技术与艺术

● 音乐、照片、电影

在信息科学领域里,描述音乐的方式主要有以下3种:WAV"模拟音频"格式（1991年）时刻记录声波的振幅（音量）;MIDI格式（1983年）使用音符;乐谱显示出哪种乐器演奏哪个音符及时间长短。1993年,弗劳恩霍夫（Fraunhofer）提出MP3"数字音频"格式,实现了音频（音色）数字化采集技术。如今,从声音的制造、录制到传播,信息技术已经引发了音乐产业的巨变。听音乐,不过是在计算机上播放一个数字文件。

摄影术也同样受到信息技术的撼动:编辑或发送一张数码照片只在瞬间;仅有少数的摄影发烧友仍在使用胶片相机。

● 漫画、游戏

在电影产业中,特效技术日新月异,数字合成影像技术更是不断升级换代。

在50年前尚不存在的电子游戏,如今可谓司空见惯,创意层出不穷。

音乐、摄影、电影、漫画、绘画、雕塑、写作、电子游戏……信息科学正在悄然改变着所有的艺术形式。很快,人们将很难甚至无法辨别一件作品是出自人类之手还是由人工智能代劳的,现在的一些歌曲正是如此!

时空快车 电影中应用的计算机动画技术

1977年	1982年	1986年	1991年	1993年
《星球大战4》:死亡之星全息图	《电子世界争霸战》:轻型摩托车飞驰场面（15分钟）。	《魔幻迷宫》:第一只3D动物（猫头鹰）诞生。	《终结者II》:角色机器人T1000的动作完成。	《侏罗纪公园》里的恐龙

真聪明！

"动作捕捉技术"可以让虚拟生物做出生动且逼真的动作：实际的拍摄对象是真实的演员，他们身穿遍布传感器的黑色工作服！

要在一部高预算的电影中加入恐龙角色，须经历4个步骤：出草图，3D建模（"拉网格"），细节处理，将其从蓝幕移入图像背景中。

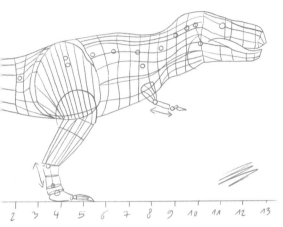

2 3 4 5 6 7 8 9 10 11 12 13

1995年

《玩具总动员》：第一部完全用计算机技术制作而成的电影。

1999年

《黑客帝国》中"子弹时间"场面。

2001年

《指环王》："咕噜"应用了动作捕捉技术。

2009年

《阿凡达》：3D技术带来逼真的视觉感。

难以置信！

引领未来的科技领域——量子信息科学！这些机器不再用0和1来计算，而是使用不确定性的“0或1？”同时进行所有的计算！这下大大节省了时间！

真聪明！

比特币是一种虚拟货币，可以将其转换成现金兑换成真钱。它的优点是：简化了互联网上的付款方式，并且流通透明度远远高于现金，便于打击犯罪。

难解之题！

像优步（Uber）这样的平台把司机和用户连接起来。问题是，由于这些司机不能被视为员工，所以不受社保体系保护。这种现象称为“优步化”现象。

信息技术与就业

- IT 改变了各行各业

谁还记得铅字排版工的日常工作？电话接线员的？或者20世纪90年代BP机传呼员的？由于科技的发展，所有这些职业都已经消失了。

如今，数字革命方兴未艾，不难想象，这将引发职业结构的巨大变革。有研究表明：到2030年，可能有85%的职业会消失！目前，这种转变已然可见，比如在超市，自动结账机正在取代收银员。除收银员外，诸多职业也都将受到波及：出租车司机、工人、旅馆老板……还有诸如律师（因为律师的大部分工作是寻找信息，正是机器更擅长之事）、银行顾问等知识分子的职业。

- 《劳动法》

那么，明天，会不会所有人都失业呢？并不一定：许多职业消失的同时，新型职业也将出现，只是我们目前还不清楚将诞生的新型职业是什么而已。但可以肯定的是——在找工作时，“学习知识”的能力远比知识本身更加有用。

工业自动化发展时常伴随着企业的裁员，
这会引发员工的不满情绪。

小测验

快来回答这些有趣的问题吧！
答案藏在第 82 页。

问题1

关于早期的移动电话，以下哪个描述是对的？

A. 重12千克

B. 其运行无须芯片

C. 其设计灵感源于电影《星际迷航》

问题2

什么是"图形界面"？

A. 一款专用于面部绘图的软件

B. 有可点击按钮的操作窗口

C. 一款只显示图片的游戏

问题3

晶体管的应用助力了以下哪项大事件？

A. 1941年对恩尼格玛密码（Enigma）进行的密码分析

B. 1955年出售"催迪克"计算机（TRADIC）

C. 1969年的阿波罗登月计划

问题4

哪台计算机首先击败了人类冠军？

A. "深蓝"

B. "玫瑰红"

C. "淡黄"

问题5

为什么斯诺登定居俄罗斯?

A. 为了在那里建造第一台量子计算机

B. 因为他在美国被指控从事间谍活动

C. 为了连通美国和俄罗斯的互联网网络

问题6

艾达·勒芙蕾丝伯爵夫人做了什么?

A. 她资助了托科尔马的测速仪

B. 她编写了世界上第一个计算机程序

C. 她翻译了阿尔-花剌子米的算法手册

问题7

以下哪个是世界上第一款电脑游戏?

A. 1958年的《双人网球》

B. 1962年的《太空大战》

C. 1972年的《乒》

问题8

我们把居家机器人技术称为什么?

A. 家庭自动化

B. 算法学

C. 家用电器

问题9

以下哪个载体可以保存国家图书馆的所有文字记录?

A. 8GB容量的DVD

B. 10TB容量的硬盘驱动器

C. 700MB容量的VCD

问题10

图灵是如何破解恩尼格玛密码的?

A. 他会说火星语

B. 他利用了纳粹加密器的人为缺陷

C. 他建造了一台万能机器

答案

1.C 2.B 3.C 4.A 5.B 6.B 7.B 8.A 9.B 10.B